話すより10倍ラク!
聞く会話術

讓對方一直說的
10倍輕鬆問話術

西任曉子——著
張婷婷——譯

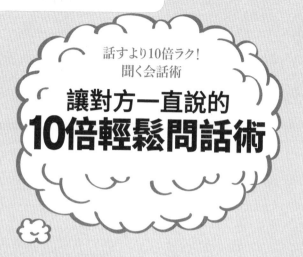

The greatest good
you can do for another
is not just to share your riches
but to reveal to him his won.
～Benjamin Disraeli

你可以給予他人最美好的東西，
並不是分享財富，
而是顯現出他人內心所擁有的豐富。
～班傑明．迪斯雷利（英國政治家）

前言

CHAPTER 1

目錄 CONTENTS

CHAPTER 2

創造讓對方想說話的環境

CHAPTER 3

讚美，使人打開心扉

目錄 CONTENTS

CHAPTER 4

CHAPTER 5

炒熱話題，讓話題源源不絕

目錄 CONTENTS

前言

五步驟讓對方當主角，卸下心防一直聊

某位英國女性，在不同的日子，分別與兩位政治人物一起用餐。

後來她說：

「我覺得第一位男性是全英國頭腦最好的男人，而另一位男性則讓我覺得自己是全英國最聰明的女人。」

想想看，這兩位男性，你會想和哪一位說話呢？

這兩位男性都是在十九世紀後半的英國活躍於政壇的兩大政黨代表人物。

前者是威廉・格萊斯頓（William Ewart Gladstone），後者是班傑明・迪斯雷利（Benjamin Disraeli）。

像格萊斯頓這樣工作能幹、頭腦很好，講話也幽默的人，當然很有魅力。在一起的時候一定很愉快。但是**會覺得「還想再見面」的，應該就是像迪斯雷利這樣，能夠引導出對方的魅力，讓對方發光，讓對方當主角的人吧？**

訪談五千人，從菜鳥蛻變成說話達人

我過去曾經以電台主持人的身分，訪問超過五千人。從史提夫・汪達，還有詹姆斯・布朗、辛蒂・羅波等海外超級巨星，到渡邊謙、竹內瑪莉亞、木村拓哉等日本著名藝人，以及日本企業京瓷的創辦人稻盛和夫、筑波大學名譽教授村上和雄等各式各樣的經營者或文化人，我都曾直接面對面與他們談話。

每次訪談幾乎都是第一次見面。時間從十分鐘起，也有一小時之長，而且大部分都是現場直播。像這樣不允許失敗的短時間訪談中，要如何才能讓一個剛見面的人，打開心扉說出真心話呢？

我從許多失敗經驗的累積中，尋求「引導談話的方法」。

一開始的時候，我跟一個搖滾樂團的成員差點要吵起來，對方說：「我沒辦法上這種節目，我要回去。」於是我邊哭邊訪問。

然而，等到我察覺時，我已經被日本資深創作男歌手井上陽水先生稱讚說：「和西任小姐說話很舒服，想拜託她來錄一段評論。」女歌手平原綾香也對我說：「西任小姐的訪問很舒服。」

現在，我是教導學生說話技巧的校長。

無關技巧，而是讓人聊天時感到安心

回首這二十年來，在我追求「充分表達的說話方式」時，我明白了一件事——那就是，大多數的人是「因為認定自己很不擅長溝通，才會變得很不擅長溝通」。

剛開始我以為原因是說話技巧不足。因此我在「說話學校」中，拚命教大家說話的技巧。結果卻適得其反——越是教導技巧，就會越覺得「一定要這樣」、「一定要那樣」而退縮，反而說不出話來了。

後來，因為我知道大家內心都有很多的不安，在教導技巧之前，我決定先創造一個可以放心溝通的環境。

「這個問題會不會不著邊際？」

「我自己的事情，大家應該不會有興趣吧！」

「我不想說一些跟別人不同的意見，變成孤立的人～」

以和為貴的亞洲人，原本就不太習慣擁有自己的主張。在學校常被要求跟大家一樣，不能打亂班級的和諧。可是，出了社會之後，突然卻要你「清楚說出自己的意見」，或是被問到：「難道你沒有自己的意見嗎？」也不知道該說什麼才好。

再加上若是鼓起勇氣說出自己的意見，最後的結果經常變成：「想給我提意見？你還早得很呢！」、「太天真了，沒辦法，因為你還年輕嘛～」

我們生活在這樣的環境裡，難怪總讓人覺得沉默比較好。但若因此就真的保持沉默，又會被說「不知道到底在想些什麼」，工作評價也會降低。

創造一個自在的環境，聊天就舒服

到底該怎麼辦才好？對於有這樣煩惱的學生，我決定不教他們「巧妙的說話技巧」，而是從「如何創造一個可以讓對方安心說話的環境」開始。這些以為自己不擅長說話、並感到煩惱的學生，人際關係竟然有了驚人的改變。

「部下開始會對我說真心話。」

「夫妻關係變好了，跟孩子的對話也增加了！」

「我成功處理了連上司都處理不好的客訴，得到公司內的讚揚。」

我並沒有教他們「說話的技巧」，而是教他們：取得對方信賴的方法、取得對方喜愛的方法、讓對方願意敞開心胸說話的方法。

重要的是，創造一個環境，讓你可以像平常的自己一樣。因為，只要不過度緊張，任何人都能發揮自己本來就擁有的溝通能力。當我們創造出一個可以讓自己安心、安全的環境，就不會讓內心不安的自己說話。同樣的，當我們創造出一個可以讓對方安心的場所，就能讓對方自在地說話。

因此，這本書是我以一個訪問者的身分，從讓對方安心、引導對方說出真心話的經驗中領悟到的「創造環境的方法」。若用一句話來說明這個祕訣，就是**讓對方當主角**。

創造使對方發光的舞台，讓身為主角的對方說話，引發出他的魅力——這樣，對方就會覺得和你說話非常愉快，自然會想再跟你見面。若是如此，就不會再為了「場面冷掉怎麼辦」而感到不安。只要感覺良好，就能像平常的自己一樣輕鬆應對，就算跟不喜歡的人見面，也可以心平氣和的談笑。

善用五步驟，慢慢提升對話環境

讓對方當主角的做法，有五個步驟。

❶釋出善意，先喜歡對方
❷創造容易說話的環境
❸用讚美打開對方心門
❹引導對方說想說的話
❺繼續炒熱話題

這就是身為訪問者的我，實際執行的步驟。

首先「喜歡對方」是第一個步驟。我訪問過至少五千位來賓，其中也會有不喜歡或沒有興趣的人。但是，如果就這樣去訪問，這個訪談當然不會成功，既然如此，那就去喜歡對方吧！發現了這個關鍵點的我，找到一種可以喜歡所有人的方法——如果你喜歡對方，對方也會喜歡你。

第二個步驟是創造容易說話的環境，也就是打造一個讓對方站上去當主角的舞台。具體而言，是利用這五步驟，一點一滴地為對話環境加溫。書裡也分享了當對方沒有順應你的話題、氣氛尷尬時，該如何解決的方法。

讓對方當主角，輕鬆交談，享受溝通樂趣

第三個步驟就是讚美對方，讓對方打開心門。

每個人基本上都想說話，但不是對任何人都會想說話。若說話對象是自己心裡接納、對方也接納自己時，就會想說話交流。

若時間充裕，就能慢慢享受彼此之間逐漸瞭解的過程。但若在客戶的公司，或是派對上第一次見面的人，希望在短時間的交談就能使對方把心打開時，就讓讚美之詞使對話活潑起來。

如何開始讚美等具體讚美祕笈、對方表現謙虛時如何回應，還有在公司或

組織內使對方信賴的讚美方法，書中都有介紹。

第四個步驟，是用問題引導對方說想說的話。訪問成功的關鍵在「發問」。每個人內心都擁有「希望別人傾聽」的心靈開關，如果按下這個開關，之後就算不問對方，對方也會一直說。

當然，在找到開關之前，我也曾有數不清的失敗經驗。本書也分享了一些小插曲，雖然現在光是回想起來都還覺得不好意思，但希望可以給大家做為參考，避免發生像我這樣的失敗。

第五步驟，就是為了讓對方的話題不斷擴大，要繼續把氣氛炒熱。要聊天對談，就一定要有可以互動的對象，因此，**對方的話題如何變化，端看你問話的方式**；聊天氣氛會被炒熱或是變冷也是看你。

雖然如此，但也不是說對方說什麼，你都要言必稱是。因此書中具體寫出反駁也不會使話題變冷的方法、對方滔滔不絕時如何打斷的方法，同時也介紹了如何在短時間裡深度交流，即產生共鳴的方法和表達方式。

若能用這五個步驟讓對方當主角，那麼不論跟任何人，都能安心，並且永遠都能在保有自我的情況下，享受溝通的樂趣。現在，就讓我們踏上找回原有的溝通能力之旅吧！

CHAPTER 1

釋出善意，先喜歡上對方

從外觀穿著，找出喜歡對方之處

要讓對方當主角的第一步，就是要喜歡上對方。

主角不是一個人的事，而是因為周圍有喜歡他的支持者，才能夠成就一個主角。或許你會認為，喜歡一個人是屬於感情上的問題，沒有辦法控制——我一開始也是這麼想。

當一個電台主持人，我每天都不停地在訪問，其中也會遇到我沒有興趣的事情。例如我喜歡爵士樂，平常聽音樂都以爵士樂為主，因此就算來賓是搖滾音樂人，我也想不出來要問什麼問題。

剛入行的時候，我曾一面訪問來賓，一面想著：我又不喜歡，一點興趣也沒有，因此訪問都不順利。因為我訪問的熱忱不高，對方就知道我對談論的話題興趣缺缺。

請你想像一下，眼前聽你說話的人，露出一副對自己沒有興趣的樣子，但卻對你提出一些問題。對於這樣的人，你應該不會想要敞開心胸說話。

真心喜歡對方，對方就能敞開心胸

因此我決定，要喜歡所有的來賓。具體來說，就是在我見到他們的一瞬間，就要找到一個我喜歡他們的地方。

話雖如此，才剛剛見面的人，對他的個性、特質等尚且無從得知，就要從肉眼可見的細微之處，找到一樣東西來喜歡對方。

「襯衫燙得很筆挺，有清潔感的部分很好。」

「自然的妝容，給人清爽俐落的感覺非常舒服。」

「皮膚很有光澤，好棒喔！」

「眼睛很漂亮。」

就算是表面上才看得出來的小地方也沒關係，但是，有一個規則必須要遵守。那就是，**喜歡的地方，一定要是從心底裡覺得好的部分。如果不是「真心」的，對方就感受不到你的「喜歡」**。

如果是打從心裡真心的喜歡，你的心情就會確實傳遞出去。就算是對方的一部分也可以，即使只是一部分，只要是「真心的喜歡」，對方也會感覺到自己被喜愛。於是對於抱持著善意的你，也會懷著同樣的善意。

仔細想想，這不就好像戀愛一樣嗎？喜歡上一個人的開始，不也是一瞬間的言語或行動嗎？

像是帶著溫柔的笑臉，對你說：「你不要緊吧？」或是在餐會上跟落單的人說話；在沒有人看到的地方，拾起掉在地上的垃圾的人……喜歡上一個人，都是從一個瞬間的言行開始。

特別是第一次見面的時候，我們對於對方是否對自己懷抱著善意，通常比較敏感。一旦覺得「這個人好像滿喜歡我」，就會覺得安心，自然就想敞開心胸和對方說話。

POINT

- **見面的瞬間，就找出一個喜歡對方之處。**
- **小事情也無妨，舉出自己真心覺得「很好」的事物。**
- **對方感覺自己受到喜愛和歡迎，也會釋出善意。**

見面之前，先了解對方三件事

前一陣子參加進修旅行時，主辦單位在事前寄來的參加者名單上註記：「請先在部落格或臉書上，對彼此有某種程度的理解後再參加。」

現在真是個方便的時代。通常在第一次見面對話時，就是把時間花在交換資訊、並找出共同點。若事前就能知道對方的職業、興趣、出身地等資訊，就能立刻進入主題。

因此，只要事前就知道對方的名字，就可以在網路上搜尋、或是請教周圍的朋友等，先做一點事前了解。具體來說，可以了解以下三件事：

❶與自己的共同點
❷喜歡之處
❸想聽的事情

只要了解這三件事就好，找到這三個項目，就得結束搜尋，不必知道太多。若**了解得太深，會造成實際見面時無話可聊的反效果**。

保持好奇心，就會想了解對方

在我訪問來賓之前，工作人員會為我準備許多資料，不管是書、電影、雜誌、CD，或是網路上的報導影本等等。對於訪問還不熟練的我，會想知道那個人的一切，於是，所有資料都會深入讀過，在腦子裡多記住一些資訊。因為我很害怕想不出問題，腦袋一片空白。

可是越是準備得深入，訪問就越不順利。因為我太了解對方，訪問的時候反而已經沒有想知道的事情。**引出話題最重要的事情，就是保持對對方的興趣**。了解的目的，並不是為了調查對方、熟知對方，而是為了提高自己對對方的興趣，讓自己覺得「想見這個人」、「想聽他說話」。

「我還想知道更多」——這樣的興趣，會引發對方說話的意願。所以，在見面前的研究，要保留一點感興趣的部分，點到即可。知道得太詳細，就會像是在確認對方說的話是否正確，讓人索然無味。

第三項我不寫「發問」，而是「想聽的事」。因為不只是發問，問題的本身也需要有溫度，不是「順便問一下」這種冰冰冷冷的問題，而是「內心真的想知道、希望聽到」很火熱的問題，才能引出對方說話的意願。

- 事前了解與對方有關的三件事。
  ❶ 與自己的共同點
  ❷ 喜歡之處
  ❸ 想聽的事情
- 為了避免對話失去熱度，研究要適可而止。
- 火熱的問題，可以引出對方的說話意願。

用自己的話表達「喜歡對方之處」

花時間了解研究談話對象時，有件事希望你能慢慢準備好，那就是在前述了解三件事中的第二件事，表達出「喜歡之處」。

面對面聊天時，就算想到對方讓你覺得很好的地方，可能也無法立刻說出思慮周全的話。但如果事前準備好，或許就能夠找到令對方高興的關鍵話語。

二〇〇三年，我訪問一位英國著名音樂人艾維斯・卡斯提洛（Elvis Costello）。他的音樂我幾乎都沒有聽過，從開始準備就感到很不安。一來不知道是否會讓他的粉絲失望？而更重要的是卡斯提洛本人，我對他一無所知，我所提問的問題，或許他無法好好回應。

說出喜歡對方之處，聊天的開關就被打開

臨時抱佛腳的我，在把他的歷史跟為人裝進腦袋的同時，也仔細聽過他當時的最新專輯「NORTH」，並從中找到自己喜歡（這張專輯）之處，就開始思索如何用自己的詞彙，表達對專輯的喜歡之處。

到了正式訪問當天，我對首次來到「東京FM」廣播電台的卡斯提洛，第一個印象就是「好高大」！他的身材高大，而且非常時髦！電台跟電視台不同，聽眾看不到你的樣子，所以很多人來到錄音室，都是一副輕鬆的打扮。但是卡斯提洛穿的是合身訂做有光澤的西裝，配上亮粉紅色領帶，領帶上還有櫻花圖案，應該是為了日本而搭配，左右袖扣的顏色還不一樣，總之非常時髦。

身材高大又打扮入時的卡斯提洛，光是站在面前，我就感覺自己快被他的

氣勢壓倒。但是，那天他看起來心情似乎不是很好，不但完全沒有笑容，使用的英語單字都是艱難的單字。若沒有翻譯，我就完全聽不懂他在說什麼。

我越來越不安，但這時候幫了我一個大忙的，就是我事前準備好如何表達我對他的「喜歡之處」。雖然是很拙劣的英語，但我仍然努力的表達出自己對這張專輯的感想。

「這張專輯讓我簡直就像看了一場電影。每當一首曲子結束時，我就很想知道：接下來怎麼了？接下來怎麼樣了？完全被故事吸引。瞬間聽完了專輯的我，還沉浸在那個世界裡。」

就在這一瞬間，我彷彿聽見了他內心的開關「啪」地一聲打開了，感覺不一樣了。「沒錯！就是這樣！」他放大了音量，開始熱烈地談論起他在這張專輯裡面投注的想法。

用輕鬆心態面對，找出喜歡對方的地方

其實這時候的卡斯特洛，剛跟他前妻離婚，被發現與一位爵士女歌手交往中。受到這個影響，「NORTH」變得偏向爵士風，但喜愛卡斯特洛搖滾音樂的粉絲，並沒有給予太大的支持。

他接著繼續這麼說，「音樂並不是把音量開大一點，大家就會聽。就算聲音很小，只要是好音樂就一定會有人聽。說話也是如此吧，提高聲量，大家反而會想要摀住耳朵。」

我當時並不知道，他正為自己的新音樂風格不為粉絲接受而煩惱，但是我把自己打從心底覺得很好的地方，花了很多時間準備，並說出來時，就變成了

一口氣打開卡斯特洛緊閉心門的鑰匙。

在事前花時間研究，並用自己的話出喜歡對方的地方，彷彿是在準備親手做的禮物。不需要語出驚人，只需輕鬆但用心地，找出自己覺得很好的感覺。

如果找不到也不用擔心，請你試著表達出來。因為重要的是，你有為對方花時間準備。就像當人們拿到親手做的東西時，就算模樣不是很好看，但為此投注的時間和心思，還是會讓人很開心，是一樣的道理。

POINT

- 用自己的話，表達「喜歡對方之處」。
- 找出「喜歡之處」所花的時間與心意，是送給對方的禮物。

看見不喜歡的人，先笑三十秒

就算說要喜歡你見到的人，但這其中一定也有你不喜歡的類型，像是客戶的負責窗口總是板著臉，感覺很恐怖。若要與「一個喜歡的地方也找不出來」的人碰面時，不妨先用「假裝的笑臉」來喜歡對方。

過去我訪問過的名人中，當然也有看起來很可怕的人——全身上下都穿得黑黑的，還低著頭，就連經紀人都小心翼翼的接待他的搖滾明星，因為戴著墨鏡也無法分辨表情。另外還有圍繞著大牌演員的人，也總是戰戰兢兢的模樣；也有人在事前開會的時候，不會看著別人的眼睛。

揚起嘴角笑一下，心情就變得愉悅起來

通常這種時候，我會在訪問前去洗手間做準備運動，就是對著鏡子一個人偷偷擠出笑容。只要拉高嘴角笑一下，心情不知不覺就會開朗起來。保持笑容三十秒後，就帶著愉快的心情進入錄音間。於是，即使是要訪問覺得可怕的人，也會在不自覺間覺得沒什麼大不了，並且做好愉快的訪問。

我後來才知道，這就是大腦的特性——大腦竟然無法辨別偽裝的笑容和真正的笑容。**嘴角勉強揚起笑容時，大腦會誤以為你真的在笑，接著心情不自不覺就變得開朗。當你察覺到這一點，假裝的笑容也會變成真的笑容！**

為什麼有些人我們不甚了解，就感覺對方「難相處」？原因就是過去的記憶。如果他跟你以前認識且不擅相處的人很像，就同樣會有不易相處的感覺。

不管是眉毛形狀、臉的輪廓、體型或聲音等等，明明完全是另一個人，但只要有一部分相似，還是會覺得不擅長面對。

這都歸究於自我保護的可貴本能。遇到曾經傷害自己的人時，會本能地判斷自己可能會再受傷，因此喚起警戒心讓你覺得「不喜歡」，進而防禦自我。

例如曾被狗咬過的人，就會害怕世上所有的狗。因為人會本能地想保護自己，不再嚐到被咬的痛苦經驗。雖然如此，狗有不同的種類及性質，只要冷靜思考，就知道不需要害怕所有的狗。

產生喜歡對方的「認定」，使溝通更順暢

人也是一樣。若對方和你過去不擅相處的人類似，或許會讓你感到棘手。但是眼前剛認識的人，是一個完全不同的人，不妨冷靜下來仔細觀察對方。如

果能拋開過去一味認定難相處的想法，對方的優點自然就會浮現。

此外，就像你認定「不喜歡」，「喜歡」也是一種認定。**既然兩方都只是認定的問題，那認定「喜歡」會讓你的溝通更加輕鬆**。要產生「喜歡」的認定，就是笑容。保持笑容首先自己就會開心，看到貌似不喜歡的人，也會覺得「好像沒那麼糟糕」。特別是第一次見面時，對方也很緊張。放下過去記憶中反射性產生討厭的意識，冷靜觀察，用笑容改變為「喜歡」，由你先主動表示善意。如果滿面笑容，對方也會安心，覺得「這個人是容易交談的人」。

POINT

- 第一次見面或感覺棘手的人，在見面前用三十秒做出笑容。
- 冷靜下來觀察對方，稀釋討厭的意識。
- 表現出笑容，討厭的人也會變得喜歡。

找到不好的那面，就換句話說

多次見面後仍不擅於相處；很努力地找卻只找到負面的地方……，這種時候該怎麼辦才好？很簡單，那就是把負面之處換成正面詞彙，去喜歡對方。

例如，若覺得對方「完全不說話，搞不懂他在想什麼」，就試著在腦子裡轉換成「很安靜且神祕的人」。**只要把說法轉換一下，就會因為開始這麼想，而使討厭的意識變淡。**

就像一句諺語說的：長處也是短處，長處與短處根本都是相同的，只是換個角度思考，長處要是過度，以不同角度看就變成短處。例如，認真嚴肅是好事，但是視野就變狹隘，有時會變成頑固不知變通。

換個角度運用，短處也能變成長處

我自己曾經有一個短處變長處的重大體驗。

我的短處就是很愛批評管閒事，看電影時會覺得「劇情的發展實在是讓人跟不上」；吃飯時可能覺得「這湯怎麼溫溫的」等等，先想到的都是批判。

若只是心裡這樣想就算了，我還會忍不住脫口而出。因為我認為自己是出於好意，說出建設性的意見，所以並不覺得自己做了壞事。但是朋友會說我：「你真麻煩」、「那種小事沒關係」、「你往好處看嘛」等等。

後來，我就盡量忍耐不說。然而五年前有一次，就忍不住說出來了。我看了某位朋友很希望能成功的說明會彩排，忍不住給了一些建議。

「糟了！」我心想，但沒想到他竟然恍然大悟似的非常高興，對我說：

「再多教我一點」，而我則如魚得水，因為不用再忍耐了。

原來，你想到的批評，對於正在謀求改善對策的人，是很有價值的。當我持續這麼做，不知不覺接到很多演講的邀請，也出了書，等到回過神來，我的工作已經變成在教別人說話的方式。

所謂短處，就是與他人不同之處。只要隨著場合或時機去改變表現方式，就會變成令對方歡喜的長處了。短處就是未來的長處。只要遇到會令某個人高興的場合或方法時，就可以發揮成長處，開花結果。

換一句話形容負面的事，可以訓練語彙能力。如果覺得對方是「很愛說話很吵的人」，該怎麼換句話說呢？你可以說對方「善於雄辯」、「充滿逗別人開心的服務精神」！

若是「看起來很不開心、有點可怕的人」，就替換成「很有威嚴」、「正正堂堂」的人。多話者可以說是「表達得很仔細、很體貼的人」。

想要學習這種換句話說的方法，請參考曾在電視上報導過的「負轉正辭典」應用程式，或是主婦之友社出版的《負轉正辭典——把負面的話轉換成正面的話》（暫譯）。

POINT

- 把負面的話，轉換成正面的說法。
- 對方的缺點，是未來的優點。

說話前先暖身，讓聲音高亢有活力

你是否曾有過這樣的經驗？要是有一段時間沒開口說話，一旦要開口說話時卻無法順利發出聲音？

就像運動選手運動之前，要先從暖身動作開始一樣。若要避免突然想說話卻無法順利發出聲音，可以在與人見面之前，做一下喉嚨的暖身動作。

開嗓的暖身動作，有各種呼吸法或發聲練習，但是我推薦最簡單的方法，就是模仿日本卡通中的「海螺小姐」。

不知道你是否知道，在日本堪稱國民卡通的「海螺小姐」中，有一幕是海螺小姐從紙袋中拿出像小饅頭的東西丟進嘴裡，說「下星期請繼續收看唷～嗯嘎……」結果喉嚨卡住的場景？

在影片中，喉嚨雖然卡住了，但是其實發出「嗯嘎」聲音時，喉嚨深處會張開。英文拼成「nguh」，是最接近的發音。因此在跟人說話前，可以先重複發出「嗯嘎」的聲音，達到開嗓的目的。

開嗓後再說話，才能發出動人好聲音

不知道「海螺小姐」者，就想像自己吞下一顆水煮蛋，「咕」的一聲把蛋吞進胃裡，然後發出「嗯呵」的聲音。若用各種高音來發聲，嗓子會更開。

在某次為電視節目錄旁白時，這個「嗯呵」救了我一命。那天我從一早開始，就一個人對著電腦工作，沒有跟任何人說話，等到我回過神來，已經是應該出發去錄音室的時間。抵達的時間是晚上九點，我一句話都沒說過就直衝錄音室，想馬上開始錄旁白。

但這樣子實在是太亂來了。我的聲音完全出不來！工作人員的表情也表明「這樣的聲音不能用啊！」於是，我請他們給我五分鐘左右的時間，在錄音室中反覆練習「嗯呵」的聲音。

於是嗓子就開了。雖然不是最完美的聲音，但總算是可以拿來播出的聲音。這次經驗讓我切身體會到事前暖身的重要性。從那以後，我開始每次都會做發聲的暖身動作，不是只有工作的時候才做，在與人見面前也會藉著事先發聲，做好帶領全場的心理準備。

用活力的聲音打招呼，留下好印象

像是業務等需要去拜訪顧客公司的工作，要是一直都沒開口說過話，就算想精神百倍地打招呼，聲音也會出不來。若情緒不高昂，很容易就會被對方的節奏牽引，要把對方當成主角的溝通也會變得更加困難。

我在錄製早上八點半的節目時，會在前往錄音室的路上發聲，抵達錄音室後，更是盡量跟工作人員聊天。那麼，在節目開始時，那句「大家早安！」的聲音一出來就很嘹亮，自己也就能掌握場面，成為全場氣氛的指揮者。

就像在與人見面前會整理儀容，嗓子跟心情也要做好預備。一面聽著喜歡的音樂、一面跟著唱，或跟家人同事聊天，都可練習發聲，心情也會變溫暖。

POINT

・與人見面前，用高音發出「嗯嘎」的聲音開嗓。

・事先發聲，把嗓子跟心情都準備到最佳狀態。

CHAPTER 1 檢查表

釋出善意讓對方接受你

- □ 找出喜歡對方之處，率直地表達出來
- □ 事前了解與對方有關的三件事
  ❶ 與自己的共同點　❷ 喜歡之處　❸ 想聽的事情
- □ 用自己的話來表達「喜歡對方之處」
- □ 見面前先微笑三十秒
- □ 把對方的負面地方，轉化為正面詞彙
- □ 說話前練習發出「嗯嘎」的聲音來開嗓

CHAPTER 2

創造讓對方想說話的環境

氣氛加溫五步驟❶

眼神交會後，再主動開口說話

喜歡上對方之後，接著就是，邀請對方當主角，創造一個舞台，一個對方「可以安心說出想說的話的場所」。

為了達到此的目，一開始要由我們主動開口。基本上不管是誰，與其自己先開口說話，都希望別人先開口對自己說話，因為自己先開口需要勇氣。

「現在跟他說話，也許會打擾了他？」

「我跟他說話，會不會不被當回事？」

「我先開口說話，萬一沒話聊會不會很尷尬……」

每個人都擔心自己不會被接受，內心充滿不安。正因如此，主動攀談本身已經是一件禮物。只要有人主動開口說話，大家都會非常高興。在茶會、派對上是否常看到名人只要站在一邊，就會一直有人上前和他說話。**所謂主角，就是大家會主動跟他攀談的人物。**而名人們正在收集許多「主動攀談」的禮物。

眼神交會，代表對方已做好聊天的準備

不失敗的攀談方式，只有一個規則，那就是眼神的交會。

首先要跟對方有眼神的交會，讓對方注意到你的存在。眼神交會的瞬間，對方會在無意識中準備好有人要對他說話，所以會安心地接受你的對話。但若是從背後突然攀談，因為這個意外，對方受到了驚嚇，無意識中就採取警戒，那就會在心門緊閉的狀態下，與你展開對話。

讓對方認識你的存在，是創造說話場合的第一步。所以希望你的眼神要和對方交會之後，再開始說話。

會察覺到這一點，是因為自己在路上，遇到不認識的人向我攀談。我也是很怕生的人，很不擅長主動跟人交談，看到陌生的人，我都盡量不跟他們說話。但自從溝通能力提升之後，對於不認識的人，我也開始能主動開口交談。

像是在登山途中與擦身而過的人打招呼，說出「你好」、「今天很冷呢」等等。但若不是在山上，而是在馬路上，一開始對方會用驚嚇的表情看著你，也有時候根本不理睬你。

因此，我決定在眼神交會後，再打招呼，這時的回應率竟然急速上升。我那時候才體會到這一點：「一旦眼神交會，就表示做好對方要跟自己說話的準備」。

若是在眼神交會前攀談，對方會有一瞬間愣住；由背後突然攀談更是如此，在這種突發狀況下，對方為了保護自己，幾乎用盡了所有能量。讓對方把能量用在聽你說話吧！

在眼神交會的瞬間，就要馬上微笑打招呼

在派對或業界交流茶會等有許多人在場的場合，想要和他人攀談時，也先要與對方的眼神相對。這時候只要在心裡想著：「你好，我想跟你說話，可以看過來嗎？」這樣就能用柔和的視線看著對方了。

只要感覺到你的視線，對方一定會轉過頭來看著你。若要打招呼，就趁這一瞬間——帶著笑容說「你好」，對話的舞台布幕將就此拉開。**這時要是一猶豫，就無法創造對話的場面了。**

在工作上的洽談或開會也是一樣，眼神交會之後再開始說話。不管是交換

名片前、短暫閒聊之前，或是約會的對象出現後要打招呼，只要眼神一交會，對方就會進入「接受你說話」的狀態。

POINT

- 要把對方當主角，就要自己先開口。
- 在說話前一定要眼神有交會，給對方一個要開始說話的訊號。
- 眼神交會的瞬間，要毫不猶豫、立刻帶著笑容打招呼。

氣氛加溫五步驟❷

用明朗笑容、開朗的語調打招呼

眼神交會後，就是打招呼。不需要把「一開始要說什麼」想得太困難，只要先打招呼就行了。打招呼的用語，則依據時間來決定，早上就說「早安」；中午就說「午安」；晚上就說「晚安」、「有個好夢」，很簡單。

因為打招呼的重點，不是「說什麼」，而是「怎麼說」。因此，**打招呼的語調決定了會話的起跑點**。例如，音量很小、很沒自信地說「你好」，對方也會配合你而變得很小聲。因為要配合一開始投過來的球，第一聲就成為這個談話的基準。我聽說過，早晨耳朵裡聽到的音樂，能夠左右心情直到中午，原來第一個聲音的影響力這麼大！

表情決定聲音色彩，請展開笑容打招呼

因此，為了開啟有活力的對話，重要的是用開朗的聲音打招呼。

任何人都可以輕易發出開朗的聲音，那就是利用笑容。只要在嘴角上揚的狀態下發出聲音，語調很自然的就會開朗起來。一張撲克臉很難發出明朗的聲音，相反的，一張笑臉也很難發出陰沉的聲音。人的表情會決定聲音的色彩。

用開朗的笑容打招呼，聽起來好像很理所當然，但不是每個人都能辦到。

我也曾經有過「想做但實際上沒做到」的經驗——那是我到靜岡縣濱松市的工程公司——都田建設參觀時，他們告訴我的。

「我們去參觀被日本經濟產業省評選為『優良服務經營企業』的都田建設吧！」因為朋友的邀約，我去到那裡，眼前開展的是前所未見的光景——每一

位員工，從二十幾歲到七十幾歲，不論男女，都發自內心地笑著。

我第一次看到這樣的職場，那種溫暖讓我流下眼淚。為了笑容而感動落淚，真是我過去難以想像的事。接觸到他們的笑容，我才發現，我的笑容並不是真的笑容。打從心底發出笑容的人，帶著怎樣的表情、帶給對方怎樣的感受。這些都是都田建設的員工教我的。

出門前照鏡子，訓練自己微笑的表情

想一想，當你想笑的時候，臉部實際上的表情是什麼樣子呢？沒有鏡子，無論怎麼努力，我們都無法看到自己的臉，但旁人看得很清楚。

我曾在「說話學校」裡做過這樣的實驗。我讓第一次見面的學生分成五個人一組，彼此自我介紹。之後大家閉上眼睛，問他們：「覺得剛剛自己與人接觸時，有面帶笑容的請舉手。」大概有八成的人舉手，表示大家都想以笑容與別人接觸。

接著我問，「在自己這組當中，覺得有幾個人面帶微笑？請舉起手，用手指比出人數」。半數左右的人都比二、三人。這個簡單的實驗看見了**即使認為自己帶著笑容，周圍還是有很多人看到自己，也不覺得你在笑**。

據說，已故美國總統雷根每天早上出門前，都會練習笑臉。他一面確認「自己認為在笑的臉」實際上看起來是什麼樣子，一面練習發自內心的笑容。

大家不妨也在鏡子面前，揚起嘴角試著微笑一下。平常不怎麼愛笑的人，臉部肌肉可能會抽動、顫抖，那是肌肉變硬的證據。只要持續練習就能柔軟地動起來了，請放心繼續做。若太僵硬，就用雙手按摩讓它放鬆。我每天晚上洗澡時，都會按摩臉部，臉部的緊張和疲憊超過我們的想像，但唯有柔軟的表情肌，才會產生柔和的笑容。

我建議**一大早做笑容的練習是最好的，因為大腦會認為，「帶著笑容的一天」已經展開，自己也能展開快活的一天。**只要眼神一交會，帶著笑容打招呼，這就是談話時，讓對方當主角重要的第一步。

POINT

- **怎麼打招呼，比起說什麼打招呼重要。**
- **帶著笑容發聲，就會發出明朗的語調。**
- **以笑容展開全新的一天。**

氣氛加溫五步驟❸

身體正面朝向對方，聊天越自在

眼神交會、也帶著笑容打招呼，終於要展開對話，但是在這之前，先確認一下身體的角度——你的身體有百分之多少朝向對方？

就算眼神有交會，有些人只有眼球在動，有些人稍微把臉轉向對方，也有人是從脖子以上整個頭部都轉過來、與對方眼神交流。再看看你的身體哪個部位，比如膝蓋，朝向對方呢？

即便你面帶笑容打招呼，但身體朝向對方的面積多寡，反應出你對對方的興趣有多少。當我們在聽他人說話時，通常很少考慮到身體的方向，但是對說話者而言，你的身體越是朝向他，他越容易自在地說話，因為你的身體正在發出訊息：我正在接受你說的話。

不妨觀察很擅長傾聽的人，你會發現他們大多是全身朝著說話者。他們並非刻意這麼做，而是覺得「還想再聽你多說一些」，自然而然如此。**想聽人說話時，身體就像向日葵朝著太陽似的，很自然的朝向對方。**

身體方向，也是非語言溝通的一環

坐下來的時候，不妨也調整椅子，讓身體常向對方。最好是兩人之間形成約一百二十度的角度，你的膝蓋、身體都朝向著對方。光是傾聽者身體的方向，就能讓談話變得容易，這是我開始在人前說話時體會到的事情。

比起傾聽者圍繞著說話者而坐，若以扇形方式、朝著說話者坐著，更容易集中精神，傾聽者的注意力也會提高，現場氣氛融為一體。所以，我在規劃顧客的演講時，首要就是對椅子配置的講究。只要把椅子排列成讓傾聽者的身體，都朝著講者，講者的情緒也會為之改變。

我們往往注意言語的內容，但是表達的方式並非只有言語一種。**眼神、笑容、身體方向等非言語訊息，表達的力量更大**。只是非言語的部分，平常較難意識到，因此不容易隨時派上用場。但若是身體的角度，一發現就可以立刻改變。因此，請你在開始說話時，先確認自己的身體朝著哪個方向？多少百分比要面對對方？察覺行為，才是邁入變化的第一步。

POINT

・身體朝向對方，顯示你對對方感興趣。

氣氛加溫五步驟4

先聊共同看見的事實，為對話暖場

有了眼神的交流，也用笑容打招呼，身體也朝著對方，可以開始交談了！一開始的話題，最好從對方與自己共同看見的事實聊起。就像電影正式播映前，會先播放預告來片暖場。仔細想想，在一個黑暗又密閉的空間裡，要跟素昧平生的人一起進入虛構的世界，很難一下子進入情況。

預告片就是在進入主題之前，分享著與劇情無關的影像或聲音，慢慢讓身體跟心靈習慣。而在對話時，可以談論共同看見的事實來暖場。

在業務交流的場合上，大家都很忙碌，儘管想跳過前面的客套話，直接進入主題，但還是要藉著聊聊共同看見的事實來暖場，像是天氣，或是目前發生的事情等等，現場的東西也不要緊，然後引出對方肯定的附和，像是日本名主持人塔摩利的午間帶狀節目「笑笑也無妨！」一樣。

「今天還滿冷的吧～」

「就是啊！」

「大家穿得滿薄的呀～」

「就是啊！」

「也有人穿無袖的呢～」

「就是啊！」

塔摩利對節目觀眾說出共同事實，讓觀眾回答出「就是啊」。**因為從口中重複說出「就是啊」這句肯定的話，就能打好基礎、去接受對方的話。**

不斷重複肯定的回應，讓人逐漸放心

這時候要先找出共同看見的事實，就算只是一些眼前看到的芝麻綠豆小事也無妨，舉個例子，最容易分享的就是天氣。

「氣溫很久沒降到這麼低了呢～」

「今天的最高氣溫好像是十七度呢！」

此外，身處環境，也是容易獲得肯定回應的話題。

「真是又新又寬敞的會議室啊！」

「東京鐵塔看起來好美喔～」

「這裡的天井好高，真是開闊舒暢的地方！」

你坐的椅子或桌子，也可以是話題。

「這椅子好軟啊～」

「這張玻璃桌擦得真乾淨！」

喝的茶也可以是共同的話題。

「這茶真香～」

「這個杯子很好拿。」

沒有必要想得太難，只要找到很難說「不」的事物，然後把它化成語言即可。就連展場或研習會中，很多看得到的東西，都是能夠容易分享的話題。

「那個攤位好熱鬧！」

「今年出展的攤位比往年還多。」

「今天大家都來得很早喔！」

若在一場有許多不認識的人的派對中，就分享有關主辦者，或是派對主題、料理相關話題。

「今天好難得，竟然可以喝到日本酒。」（品嚐日本酒之會的場合）

「主辦者〇〇〇今天穿的和服，跟平常不一樣呢～」

「今天的餐點種類好多哦！」

「甜點好像出來了～」

只要這樣把對方與自己都看到的事實，轉變為話題，對方就會順著回應你「是啊！」在不斷重複肯定的話語當中，對方會感到安心、放鬆，同時心裡也就準備好接受你其它對話了。

一開始聊天，先別急著加入個人意見

不過這時候要特別注意，不要說一些共同但容易被否定的事實。對於剛認識的人就說出否定的話，這樣不但無法暖場，還會讓對方覺得不愉快，把場面搞冷了。舉例來說：

×「這間會議室也太大了吧！」

×「今天的料理種類好少！」

此外，可能本來打算陳述事實，回過神來才發現剛剛說的是自己的想法，也有可能因此造成對立。

×「主辦人○○先生，今天做得比平常還帶勁呢！」

「帶勁」並非事實，而是你根據主持人○○先生的言行舉止，或髮型、服裝等事實所做的判斷，是你自己的看法，這會因為每個人有不同的解讀方式而有所差異。若對方聽到這個說法，心裡很容易浮現「是這樣嗎？我不認為」的反面意見。

當然，我想對方實際上不會把這些反駁說出口，但就算只是心裡這麼想，現場的氣氛也已經被衝擊破壞了。因此，**一開始只講最簡單的事實也無妨，若要陳述自己的意見，等場子更熱絡一點再說。**

- **第一次見面，說些能引起對方說出「是啊」的共同話題。**
- **比起批評或個人主觀意見，陳述事實更能炒熱氣氛。**

氣氛加溫五步驟 5

發問前先說出答案，讓對方安心

用笑容打招呼，得到「就是啊」的肯定回應時，接下來就是發問。發問的問題就延續對方說「就是啊」的共同事實問起。

為了讓對方安心回答，在發問的方式上有一個祕訣，就是**自己先說出問題的答案**，請看下面的例子：

共同的事實：「這天井好高，真是很有開放感的地方。」

對方的共鳴：「是啊！」

發問：「這是我第一次來，你以前來過嗎？」

我們可以把這個問題分成「自己的答案」與「發問的部分」。

自己的答案：「（我）是第一次來，」

發問（部分）：「（你）以前來過嗎？」

括弧中是可以省略的主語。主語不一定非說出來不可，但若把主語明確說出來，就變成「我是○○，你是○○嗎？」先把自己的答案說出來，先亮出自己的底牌，這樣對方也就明白你想要的答案，對方就能夠安心的回答問題。如果不這麼做，而是突然開始發問，對方就容易感到不安。

問話前先說出答案，提供對方能回答的範圍

例如，要是被以下問題問到，對方會是什麼感覺？

「天井好高，真是充滿開放感的場所呢。你以前也來過嗎？」

雖然這會因不同狀況與口吻有影響，但是對方若是客戶的負責窗口，也許曾經多次來過這個地方。

若不先說出自己的答案，對方可能會有這樣的不安：「咦？他是在測試我記不記得嗎？我總覺得似乎確實有來過，但是記憶很模糊。若說有，要是他接著問我那是什麼時候的事，我就回答不上來了。話說回來，為什麼他要問我有

沒有來過？」

回答問題的瞬間，我們都會思考，對方聽到我們的答案時會有什麼反應。於是，就會開始想該怎麼回答、可以說到什麼程度，尋找自己的安全領域。

因此，**當你先說出自己的答案，對方就會知道「我可以說到這個程度」，當對方感覺自己得到許可，就會安心地說出答案。**

共同事實：「這茶好香啊！」

對方的共鳴：「是啊～」

自己的答案：「（我）都是喝咖啡，對這個不太了解……」

發問：「（你）知道這個是什麼茶嗎？」

以上情形，你已經表明自己「對茶不太了解」，自己對此沒有知識，所以對方會感覺「就算自己對茶的知識很淺，也可以交談」的許可。對對方而言，先回答的範圍，就是安全領域。聊天就像這樣，在一來一往的談話中，無意識地確認安全領域。

「真心話可以說到什麼程度為止？」

「剛認識的人，為什麼會問我這種事情？」

因為有許多的「不知道」，進而讓對方對你的問題充滿「可以說到什麼程度為止？」、「為什麼這麼問？」的不安。因此，在彼此都還不熟悉的時候，先說出自己的答案再發問，是很有效的方法。

POINT

- **先說出自己思考的答案，讓對方安心。**
- **「不知道」正是不安的因素。**

擺脫尷尬法❶

對方意料之外的答案，也要接受

有次我參加餐會時，某位男士對一位在他附近、正在喝紅酒的女性說話。

男士：「你喜歡紅酒嗎？」

女士：「不。」

男士：「……」

像這樣對方不太回應你的話題時，對話就終止了，而且氣氛有種說不出來的尷尬。這種時候請**不要焦慮，並提醒自己：「無論什麼答案都接受」**。我們都希望對方能接受自己說的話，就連那些看起來似乎不太想說話的人也是一樣。或者更應該說，那樣的人，希望別人接受自己的心情更強烈。

將回應複述一遍，讓對方知道你已經接受

因此，無論對方回應的是什麼樣的答案，都要決定先接受它。接受之後，把自己聽到的事，化為言語傳達出去，讓對方也知道你已經接受他的回應。

「是嗎？原來你不喜歡紅酒啊！」

像這樣，把對方所說的「不」表達出來，一來，你原本動搖的心情可以平復下來；二來對方也知道自己的答案被接受了而感到安心。自己的話若被接

受，就好像自己的存在被接受一樣，會覺得很開心。相反的，自己的話遭到拒絕，就會覺得自己的存在被否定。因此，無論回覆的答案是什麼，重要的是要表達出來讓對方明白。

或許你會認為明明已經確實聽到了，何必特地說出來？的確，特意說出來有點麻煩，但是不說出來，對方怎麼知道你究竟是隨便聽聽，還是真的有聽進去呢？對方看不到你心裡在想什麼，他只能看到你的言行舉止。**心裡看不到的部分，若不用言行表現出來，對方無法得知。**無論對方回應的答案是什麼，請記得要先確實的接住，用言語表達接受之意。

POINT

- **若能接受預料之外的答案，就不會動搖。**
- **重複一次對方的答案，表達出接受之意。**

擺脫尷尬法❷

坦率地用言語，表達最真實的情感

得到意料之外的答案時，很多人通常會一時之間不知道該說些什麼，並且認為，「一定要好好的回答」、「不說句好話不行」，但這樣的想法，反而鎖住話語的出路。

男士：「你喜歡紅酒嗎？」
女士：「不。」
男士：「……」

因為看到女士正在喝紅酒，很容易認為女士一定是喜歡紅酒才發問，但她回答「不」這個出乎意料的答案，一定讓人很驚訝。若是驚訝到說不出話來，就表示你的情感已經動搖到無法言語的程度。

這時候，**首先是接受對方的答案，接著不要想著回答什麼好聽的話，只要坦率的表達你的情感就好。**

「是嗎？原來你不喜歡紅酒啊！」

之後再坦率的用言語，表達你的情感。

「因為你正在喝，所以我以為你喜歡紅酒呢～」

「為什麼你不喜歡紅酒，今天卻喝紅酒呢？」

「因為你喝紅酒的樣子相當有模有樣，所以你說不喜歡真讓我驚訝！」

直接把驚訝的情感表達出來，對話就會很自然地繼續下去。只要你表現自然，談話也會變得自然。

不習慣表達自己情感的人，先練習感受身體

雖說如此，對於平常避免把自己心裡想的話，說出來的人，可能會覺得要用言語，把情感表達出來很困難——因為從小就被教導「不能說這麼任性的話」、「要乖一點」等，被教育成「不表現自己的情感才好」的人。這樣的人要從情感通往言語的道路，可能已經變得很狹窄。

另外，對那些曾經因為自己說的話傷害過別人的人，或是在公司裡必須

壓抑情感才能生存的人，要做到「把想到的事情直接說出來」，也需要一點時間，但是一定可以辦到的。

接下來這一段，如果是很擅長表達情感的人，直接略過往後讀也無妨。

對於不擅長表達情感的人，請你先尋找自己身體的哪一個部分，最能感受到情感。「感覺到感情」，意即你緊張的時候，身體哪個部位會有緊張感？流手汗？或是喉嚨乾？心臟跳很快？這就代表你的手、喉嚨跟心臟感覺到緊張。雖然看不見心情，但是情感會藉著身體反應表現出來，所以首先從自己身體的感覺開始感受。

坦率表達自己的情感，是給對方的禮物

情感沒有好壞可言。有人聽到某個意見，覺得「好像很好玩」而感到歡

喜，也有人會感覺「可能會失敗」而感到不安，因此，不能用「不可以覺得好玩」或是「覺得會失敗很奇怪」來否定別人的情感。

同樣的，你也沒有必要否定自己現在的情感。即使體驗同一件事，每個人的感受也有所不同。換句話說，**表達情感也就是在表現你自己，而對方就是在等待這個表現——不是造作的你，而是想認識真正的你。**此時率直的情感表現，等於是送給對方一份禮物。

首先就從你能接受的人的溝通開始，若心裡產生了什麼念頭，就觀察自己的身體，然後把感覺到狀況，用言語表達出來。若能敞開心胸表達自己的感情，對方的笑容應該會比過去開懷，或是有不同的驚訝感受，或是產生共鳴。

共鳴是情感互動下產生的東西。單純表達意見也許會得到同意，但是無法產生共鳴。但是表達感情，可以讓對方了解你是什麼樣的人，是使對方可以對你放心、敞開心胸不可欠缺的東西。

POINT

・無法應付意料之外的反應，是因為你認定「一定要回好話」。

・心裡有什麼想法，就直接將情感用言語表達出來。

・試著去尋找、發掘身體哪些部位，對情感有什麼反應。

・率直表達的情感，才會產生共鳴。

擺脫尷尬法❸

讓對方知道這是為他好，鼓勵他

若遇到以下這幾種時候，要讓對話熱絡起來其實相當辛苦。

❶不論問什麼，都只會回答「是」與「不是」。

❷只會回答「欸、大概是」。

❸很明顯的不太高興，一副不想說話的樣子。

每個人都會有不想說話的時候。若是不說話也沒關係的狀況，讓對方一個人靜一靜，是一種體貼。但在商場上，有時候不允許這樣，這時候就表達出

「這是為你好」，引出對方說話的意願。

「希望讓你在實際使用的時候，不會因為不明白使用方法而困擾，所以才想告訴你……」

「對於你現在面臨的問題，為了讓你此後不再為此煩惱，希望此時能幫你解決，所以才請教你……」

「由於之前沒有機會告訴你，造成你的麻煩，所以希望你能讓我好好的說明一下……」

像這樣利用「你」這個詞，來表達是為了對方好，把「雖然可能不想說話，但是為了你好，所以想告訴你」的心情，用言語確實表達出來，對方應該就會想繼續對話。

若眼前有一個人正在努力想為自己做些什麼，無論何人通常都不會冷淡地拒絕他。但若一直重複這樣說，又會讓人聽起來像是硬要別人感謝，所以只能在關鍵時刻使用。

坦率表達自己的情感，是給對方的禮物

另外還有其他使用第三者來當主語的表達方法。

「有關○○的課題，許多人因為長期無法解決而煩惱，因此我想還是問一下……」

「許多人表示○○的使用方法很難理解，因此為求謹慎，我還是跟你說一聲……」

像這樣，「因為經常有人說〇〇」、「因為〇〇的人很多」等等，舉第三者為例，表達出「這是為了你好」。這樣就可以表示出這段對話與對方是間接相關，解決之前「硬要別人感謝」的困擾。

我們說話時，往往容易在無意識間以自己為主語。因為自己擁有想發出訊息的欲望。假設你是一位藥劑師，正想向顧客說明藥物的使用方法，但是顧客看起來狀況不佳，同時表露出不希望你跟他說話的樣子。但是若不說明，日後出現問題時，可能就會被追究責任。因此「（身為藥劑師的）我很困擾」這樣的感覺變得強烈，無形中就會以自我中心來說話了。

這種時候，請把這種困擾的心情放下。你會發現，這樣的心情，是含有「為對方著想」的心情在裡面——因為不希望對方吃錯藥而造成痛苦，所以你才會希望他能好好地聽你說明。

任何人都會想要回應他人為自己著想的心情。請注意要把為對方著想的心情，放在自己的欲望之前。**若對方不太關心話題，就在自己心裡面找出「為對方著想」的心情，然後感受它。**如此一來，對方會覺得你是為了自己才跟他說話，也就會願意聽了。

POINT

・以對方為主語，表達出自己是為對方才說話。

・舉第三者為例，表達出自己是為對方才說話。

・「為對方著想的心情」，放在自己的欲望之前。

CHAPTER 2 檢查表

讓對方安心，他就敞開心

- ☐ 攀談之前，眼神必須交會
- ☐ 用笑容跟明朗的聲音打招呼
- ☐ 身體整個面向對方
- ☐ 談論共同的事實，引發對方認同
- ☐ 先講出自己的答案，再提出問題
- ☐ 即使出現意料之外的答案，也要接受
- ☐ 直接表達出自己的情感或感受
- ☐ 表達出「是為了對方好，才想說」的心情

CHAPTER 3

讚美，
使人打開心扉

誠心讚美，瞬間使對方心門打開

製造了對方容易說話的環境後，接著就是和對方說一些讓他能更進一步的打開心胸的話，讓他說出真正想說的話，而敞開心胸的關鍵還是安心。第一章已經分享過喜歡上對方的重要性，這一章我會教大家如何把你的善意化為語言，並把安心的感覺傳遞給對方的方法。

還不夠了解彼此，就得用更多言語來表達

善意，不只是笑容或語調，用語言來表達也很重要。**因為越是正面的感**

情，若不說出來就越無法讓對方知道。

曾經有一個饒富深意的實驗。兩人一組面對面，用筆記本遮住鼻子以下，只用眼睛來表現「愛」、「樂」、「怒」、「悲」的實驗，過程中不能使用任何語言，嘴角的表情也不能讓對方看到。

實驗結果發現，最能表達的情感是「怒」，只用眼神就能表達出80％的怒氣；而最難表現的情感就是「愛」，大概只能表達出1％（參考《越來越賺錢的「笑容」法則》/門川義彥著/日本鑽石社出版）。

「這不用說也知道吧！」我明白你心裡想說這句話的心情。每個人會有自己才能體會的「實際感受」，但究竟對方是否像你一樣也能「實際感受」呢？

你的心情只會在你自己心裡，對方無法看到或感受到，就如我們在前面提到的，若不用自己的言行舉止表現出來，對方就不會知道。特別是越正面的感受，就越會擔心對方是否真的這麼想。就算覺得他一定很感謝、一定很喜歡，若不說出來，就無法確認。

因此，第一次見面、還沒能互相了解彼此的時候，就更需要用言語來表達善意。若得到一個帶著滿臉笑容的人的稱讚，任誰都會感覺自己受到喜愛。

對自己嚴格的人，比較不習慣讚美別人

即使腦子裡知道多讚美才好，可能還是有人認為「不好意思」、「我不是這種料」。過去我曾接觸過許多這類學生，自己也曾經非常不擅長讚美，因此我才能如此斷言：**不擅長讚美的人，只是因為不習慣而已。**

不擅長讚美的人，不止不常讚美他人，平常也不太讚美自己。這樣的人，有著「對自己略為嚴格」的傾向。他們給自己設定的標準很高，認為許多事情做好是理所當然的，因為自己只是小小努力了一下，不能夠讚美自己。

而且他們認為讚美就是溺愛，比起讚美，他們會更想找出缺點並企圖改正。這也是相當了不起的心志，正因為不會輕易地讚美，才能夠更加努力，得到許多好的成果。

但是，對自己嚴格的人，對別人也一樣嚴格，因為對方就是自己的反射，所以也會高標準要求對方「辦到這一點小事，是當然的」。

我也不擅長讚美，因此對於讚美有強烈抗拒感。但是在訪問時，讚美就是工作的一部分。幾乎所有的來賓都是第一次見面，訪問的時間很短，而且還是現場直播，**讚美，就是在短時間內，使對方打開心胸最有效的溝通方法。**

讚美別人的同時，我開始學會善待自己

即使如此，一開始還是會覺得自己的讚美「假假的」。然而，繼續讚美之

後，就會變成很愉快的事。不但對方開心，還會敞開心胸告訴你沒有在其他地方說過的事情，你能夠感受到如何從讚美到整體氣氛被炒熱的過程。

讚美別人，也使我自己產生了很大變化——原本討厭自己的我，變得喜歡自己了。因為大腦無法理解主語，對某個人發出的話語，全部都會轉變成自己的，所以當你在稱讚他人的時候，大腦無意識之下會有「自己也受到讚美」的感覺。像是你稱讚他人「你真漂亮」、「你真是充滿知性」，大腦接收到的是自己很漂亮、充滿知性。

還不習慣讚美時的我，總是不斷自我批判、一直鞭策著自己說不可以寵壞自己，「努力」尋找自己的缺點。我當時還沒有發現，我對身邊的人，也是用同樣的方式相處。

然而，當我開始去尋找身旁朋友的優點，並讚美他們之後，我也看到了自己的優點。回過神來，我發現我已經開始喜歡上自己，也懂得讚美自己了。

當你對讚美有抗拒感時，那表示你心裡的主角是自己。

「我是硬派到底的人。」

「我不希望被認為是這樣的人～」

「總是很嚴格的我若開口讚美，可能會被笑……」

看哪，你心中都是自己。為了要把對方當作主角，拿出勇氣，試著把心裡的主角變成對方，好嗎？

POINT

- 善意若不化成語言，便很難傳達。
- 讚美，會讓對方和自己都高興。
- 若對讚美感覺到抗拒，試著把對方當成心裡的主角。

基礎篇❶

找出與眾不同之處，就可以讚美

接下來要介紹具體的讚美技巧。首先，可讚美之處，就是【與眾不同之處】。被讚美就會覺得高興，因為那表示你有與眾不同之處。

比方說，看到一副非常有個性的眼鏡，心中可能出現「這個東西在哪裡買的？」、「如果不是講究品味的人，就不會選這樣的眼鏡」的想法。帽子、絲巾、首飾或手錶等會穿戴在身上的東西，都能夠展現一個人對品味的講究。

上班族每天穿在身上的襯衫也是，花樣、顏色、繡線顏色或是鈕扣等，都能展現一個人的講究之處。也有人會特別在櫥櫃裡放香包，使西裝上帶有香味。這種香氣與香水不同，能使全身飄散著柔軟的香味。另外像是領帶的顏色和花樣，胸口的領巾、袖扣、領帶夾等，也是觀察的重點。

物品維護的程度，也可以表現出差異。筆挺的襯衫或是有漂亮摺痕的西裝褲、擦得發亮的皮鞋等，這些都是若不講究就會偷懶的地方。

若在服裝等外表上看不到講究點時，對方的氣質和行為舉止，也是可稱讚之處。姿勢良好、表情柔軟，表現出體貼的小動作等等，仔細觀察對方本身。

稱讚對方，能讓他感受到你對他的關注

若非第一次見面，請著眼於變化上，找出【與平常不同之處】。不管是衣服、包包或小東西等，對方身上的東西，都可以思想一下「這是新買的嗎？」，這樣就很容易發現有什麼變化。

髮型是經常變化的重點。發現對方換了髮型就稱讚他，能表達出你不是只

有那時候發現，而是「一直都有在關心他」。若發現對方特別花時間做的造型；因特別保養而顯得很有光澤的髮質；美麗繽紛的指甲彩繪；比平常更仔細的妝容等變化，也是可以讚美的地方。

不只是眼睛看得到的變化，氣質跟氛圍的變化，也是希望你能注意的重點。氣質跟氛圍的變化，是從心的變化而產生的。若能察覺這個差異，**對方救會發現有人很深入的看待自己，因而感到喜悅與信賴。**

在還不習慣讚美的時候，或許會感覺到不知該從哪裡開始讚美比較好。漸漸習慣之後，就會感受到可讚美之處，似乎正在呼喚你「就是這裡！稱讚這裡！」那個地方會清楚閃亮的浮現，彷彿像在凸顯自己似的。

此外，第一章提過，我們要培養「喜歡上對方的習慣」，那就很自然地會看到對方的優點，才能開始喜歡對方，這時，就算不刻意觀察，也能夠發現可讚美之處。

POINT

・讚美之處就是與他人不同之處，即對方堅持、講究之處。

・讚美之處就是與平常不同之處，即對方產生變化之處。

基礎篇❷

讚美加上「好棒」，精準傳遞心意

找到可讚美之處後，接下來就是加上「好棒」。**「好棒」這句話，是無論何時對任何人，都可以派上用場的萬用讚美詞。**我們試著把剛才的例子，加上「好棒」。首先是【與眾不同之處】。

「好棒的眼鏡！」

「皮鞋擦得亮晶晶的真棒！」

「你的姿勢真美，好棒！」

「這氣氛好棒～」

像這樣加上「好棒」，立刻就變成讚美詞。接下來，試著在【與平常不同之處】也加上「好棒」。

「你這新包包也好棒～」
「你這新髮型也好棒～」
「你今天的妝也化得真棒～」

在讚美【與平常不同之處】時，別忘了加上「也」字。否則若你說「新的包包很棒」、「新的髮型很棒」，會有種「以前都不棒」的感覺。其實，只要帶著笑容，對可稱讚之處表達出「很棒」的心意，這麼簡單一句話，就可以傳達你的善意，就連初學者也可以嘗試看看。

POINT

・只要加上「好棒」，就變成一句讚美的話。

・讚美與平常不同之處時，記得加上「也」。

基礎篇3

用正面的讚美詞彙，替換「好棒」

當你習慣了使用萬用讚美詞「好棒」，就要開始多花點工夫，用另一句話來取代「好棒」。你感覺到很棒的部分，是怎麼樣個棒法？把那個「怎麼樣」，換成一句更具體的話來代替。我們看看以下例子：

「**好時髦**的眼鏡！」

「**好高雅**的香味！」

「這擦得閃亮亮的鞋子，給人**能幹**的感覺～」

「你的姿勢良好，站姿**非常美麗**！」

「氣質**好柔和**～」

「這個新包包**跟你也很配**！」

「這個新髮型又引出了**不同的魅力**呢～」

「今天這個妝也化得**好有魅力**喔！」

這時候要特別留意，就是**替換的說法，必須是任何人聽起來都能立即解讀為善意的話**。好比左邊的這些說法，就能馬上被人解讀為善意的話：

好的、漂亮的、可愛的、時髦的、色彩繽紛的、美的、極度細緻的、了不起的、華美艷麗的、柔軟的、平衡的……等。

另一方面，接下來這些說法，就能解讀為正反兩面意義。

有個性的、與眾不同的、少見的、獨特的、自我風格的、花俏的……等。

例如，有人說「這衣服真是與眾不同」，你就不太清楚到底是在誇你，還是在損你。當然，表情聲音或語調還是可以傳達出「是善意的說法」，但它仍然是容易招致誤解的用詞。

因此，**若你明明是在讚美對方，但他卻不高興，或許就是你用了這種模稜兩可的用詞。**

POINT

・用正面意義明確的詞彙，來讚美對方。

基礎篇④

有原因的讚美，更讓人欣然接受

當你讚美他人之後，是否曾被問過「為什麼你會這麼覺得？」會被這麼問，有兩個理由：第一，希望有一個根據。有根據的讚美，更容易被人接受。第二，被讚美之後，希望能更高興，所以若能瞭解了被讚美的理由，就能更深一層體會讚美之意。因此，在讚美之後，別等對方詢問，先加上讚美的理由。

「好漂亮的眼鏡！」之後就接著說：

「非常適合你。」

「我沒有看過這麼時髦的眼鏡。」

「我一直在找設計時尚的眼鏡，可是我就是找不到！」

或者是稱讚對方「這髮型好酷哦！」之後接著說：

「○○先生／小姐，總是那麼時髦～」

「我也好想變成可以適合這種髮型的人！真羨慕～」

「我相信沒有幾個人適合這麼時髦的髮型！」

「好漂亮的指甲」之後就接：

「看著看著就入迷了～」

「更顯出春天的氣息！」

「連指甲都會仔細注意的女性，我覺得很棒！」

有時候明明是真心讚美對方，卻被對方認為是「他真的這麼想嗎？」、「只是覺得讚美一下比較好，才這麼說的吧」的「客套話」。但是，**若加上理由就能提高讚美的可信度，對方也會更容易接受你的讚美**。

這麼一來，你與接受你讚美的對象之間，就有了更深的連結，慢慢的，你們就能夠彼此打開心房來交流。

POINT

- **在讚美之後加上理由，對方更容易接受。**

中級篇❶

一面發問一面讚美，讓話題延續

接下來進入讚美技巧中級篇。在這之前，先複習一下基礎篇的四個步驟。

❶ 找出讚美之處
❷ 在讚美之處加上「好棒」
❸ 用其他詞彙替換「好棒」
❹ 加上讚美的理由

接著，我們就介紹高階一點的中級讚美技巧。首先是一面問一面讚美的

「發問讚美法」。

我先舉例：「這眼鏡好棒！」之後就問：「是在國外找到的嗎？」在這個問題的內容之外，你已經向對方傳達了另一個訊息：

這是一副要到國外才找得到的美麗眼鏡。

之所以問「這是在國外找到的嗎？」就代表你認為這可能是在國外找到的眼鏡。這個問題本身就有個「前提」，因此，一發問，就已經把問題和前提兩者都表達出來。以前提發出的讚美叫做「發問讚美法」。我再繼續說明。

說出「好時髦的鞋子」之後就問：「你在從事流行服飾相關的工作嗎？」這麼一問，向對方傳達的便是下列的前提：

這雙鞋子的時髦程度，讓人覺得是服裝相關行業的人才擁有的品味。

稱讚之前，先為對方的優點找一個前提

這樣的「前提」，是平常不太會意識到的事情，若發問之後再這樣重新說明，也許會讓人感覺有點煩，因此在發問讚美的時候，要先思考「〇〇好比△△的程度」。我們用具體的範例來演練一下。

你遇到了一個聲音很動聽的人，可以稱讚之處就是對方的「聲音」。這時候，請你思考「〇〇好比△△的程度」。

對方的聲音好比專業人士才有的程度
〇〇 △△

像這樣把「〇〇好比△△的程度」建構完成後，只要把「△△」的部分改成問題。這個例子的「△△」，就是「專業人士才有」，因此就可以問對方「你是聲音方面的專業人士嗎？」在實際使用上，「你是否從事聲音方面的相關工作？」這個問法比較自然。

另外假如遇到一位指甲很整齊漂亮的人時，該怎麼辦呢？我自己會因為忙碌而偷懶不做指彩，所以會有這種感覺：

好像時間管理專家一樣，工作做得這麼好，就連指甲都這麼美～

這種狀況可以這麼問：「看你工作得這麼忙碌，竟然連指甲的美容都還能這麼講究，你是如何做好時間管理的呢？」

發問讚美，是種打開對象的心、進一步透過問題引出答案的了不起技巧。

POINT

・發問讚美，是在讚美的同時，引出對方的答案。

・請常思考「〇〇好比△△的程度」。

中級篇❷

讚美對方，表達被打動的心情

接下來是用自己的感情變化，來讚美對方的「感情讚美」。「感情讚美」對對方而言，不只是容易接受，還會非常歡喜，因為它滿足了人們「想要影響他人」、「希望自己的存在有價值」的欲望，是一種重要的讚美法。

讚美，本來就是你覺得對方某個部分「很好」的意思，也就是說，**你的心被對方的魅力打動**，**然後把這個心動的感覺化為語言**。例如，你遇到一個笑容十分迷人的人，接觸到對方笑容的魅力，你的心是會如何被打動呢？

・不知不覺間變得有朝氣了。

・不知不覺間心情開朗了起來。
・不知不覺間覺得開心了起來。

再來就是把這種「不知不覺間改變的心情」變成語言。

「你的笑容好迷人。總覺得好像精神好起來了！」
「你的笑容好迷人。總覺得心情開朗起來了！」
「你的笑容好迷人。總覺得好像開心起來了！」

不一定要說很好聽的話，有精神了、開心起來了、心情變開朗了，這麼簡單就可以。即使在彼此認識還不深入的階段，「感情讚美」也能夠讚美對方。

把對方打動自己的魅力，化為言語讚美他

當你認識了對方的魅力，心情被打動了，請試著把這種心情變化傳達出來，對方就會感覺到自己有存在的價值，能夠帶來好的影響力。

我們都希望自己，是可以給周圍人帶來好影響的人。也許我們不會一直意識到這一點，或希望這麼做，但是當我們能夠對某個人有幫助的時候，無論對方是誰，我們都會感覺到無比歡欣。

只表達魅力（可讚美之處）是基礎篇，表達出被魅力打動的心是中級篇。把對方展現出來的魅力，對自己的情感影響表達出來，就是給對方的回報。

POINT

・把自己接觸到對方魅力時，感情動搖的部分，轉化成言語。
・藉由感情讚美，來稱讚對方的影響力。
・感情讚美，是把打動自己內心的人的魅力、影響力化為語言。

中級篇❸

用心情前後差距，來讚美對方

這一篇將介紹比「感情讚美」更能進一步發揮效果的讚美技巧，就是不只表達事後「總覺得開心了起來」的心情，也將之前的感覺表達出來。

請你比較以下兩種讚美詞。

甲：「聽了今天的演講後，我想我還是再努力一下吧！」

乙：「其實我本來已經很想死了，但是聽了今天的演講之後，我想我還是再努力一下吧！」

這些讚美詞，是在我演講之後實際收到的話。收到甲的讚美時，當然我很高興，但是乙的話則撼動了我的心。

甲只有「聽了今天的演講後，我想我還是再努力一下吧」，單純表達聽完演講後的感覺，我並不知道他在聽演講之前，是什麼狀態。雖然知道產生了變化，卻不能了解變化有多大。

而乙則將前後的感覺都表達出來，讓我知道若沒有我的演講，也許他已經結束了生命。一想到「原來我的話這麼有價值！」頓時對自己能夠發揮生命的價值，充滿了感謝。

表達前後心情的變化，讓對方看見自我價值

日本有一個很受歡迎的節目，叫「全能住宅改造王」。節目裡頭記錄了一群專業的建築師和工程師去改造一個家，甚至連家族關係都因此改變的過程，是一個感人的節目。

但若節目只播出改造後的房子和家人，情況會如何呢？我認為，一定不會變成這麼受歡迎的節目。

人的心會因為變化而被打，當這個變化越大，心靈的撼動也越大。變化程度的大小，就顯現在前後差異裡；有之前的狀態，才能比較出變化的程度。

讚美也是一樣。接觸到對方的魅力後，自己的心情產生變化時，請把之前的狀態一併傳達給對方。若不說出自己之前的狀態，對方就無從知道。

具體而言，就是先說：「本來是○○」，之後再說：「後來就變得××了」的事後狀態。

「笑容真是迷人呢～不知道是不是因為今天下雨，總覺得一早就頭疼，但是看到△△的笑容，就覺得有精神多了！」

「笑容真是迷人呢～今天一早就跟我太太吵架，其實心情有點鬱悶，但是多虧有△△的笑容，總覺得心情開朗起來了！」

「笑容真是迷人呢～其實剛剛因為工作上出了錯，心裡很沮喪，但是看到了△△的笑容，總覺得又開心了起來！」

當然，只表達事後的感想也能傳達善意，但像這樣把事前事後的狀態一併說出來，由於能得知變化程度，對方的喜悅也會更大。

POINT

- **把事前、事後的兩者狀態傳達給對方，讓感情讚美更升級。**
- **不只講到事後，事前狀態也講出來，更能表達變化的程度。**

高級篇❶

「加倍奉還」的讚美，對方更歡喜

來到讚美技巧的高級篇了。現在要介紹在學會中級篇之後，一定要挑戰的技巧。首先，就是在獲得讚美之後，將讚美「加倍奉還」的技巧。

大多數的人在被讚美時，都不懂該怎麼應對。因為總覺得不好意思，而又不希望因為接受讚美之詞、讓人覺得自己很臭屁，這時就陷入不知道該說什麼好，但不說話對話就中止的情況；或者覺得自己不反過來讚美一下別人不行，就回答「哪裡哪裡，你才是……」等這種言不由衷的話。

我也有很多次這種失敗經驗，自己都覺得討厭自己。但是，得到讚美時，就是反過來讚美對方的機會。我們可利用兩種「加倍奉還」的方式讚美對方。

❶用「反而是」的加倍奉還讚美法則

「反而是」的法則是，把得到的讚美內容加上「還不如」，反過來讚美回去。一旦被讚美，就說「這麼想的人，反而應該是我才對。」看以下例子：

「這領帶真漂亮！好時髦。」
「咦？我反而覺得你的領帶才時髦呢！」
「你擁有最棒的笑容～」
「咦？我反而覺得你的笑容才棒呢！」

若像這樣說「反而是」，明明是對方先開口讚美你，卻能表達出我比你更早這麼想，就不會有言不由衷的感覺。

「反而是」＋反過頭來讚美回去＝兩倍的歡喜

❷「想被你讚美」的加倍奉還讚美法則

第二種是「想被你讚美」的法則。這次，特別強調不是別人，而是得到「對方」的讚美而特別開心的讚美方式。

「這領帶真漂亮！好時髦。」

「哇！讓平常最時髦的○○稱讚我時髦，真是太光榮了！」

「你擁有最棒的笑容～」

「哇！讓笑容那麼迷人的○○稱讚我，讓我更有自信了！」

工作上很值得尊敬的前輩或崇拜的人稱讚你「工作做得很好」、「很不錯」的時候，一定會比得到他人的讚美更加高興。

因此，當被稱讚「時髦」時，就說「最時髦的○○」；被稱讚「笑容很棒」時，就說「笑容最迷人的○○」，表達出**被讚美的內容，正是對方的魅力，這樣就能傳達出：被擁有這樣魅力的「你」稱讚，是有多麼開心**。

先被讚美的時候，就表達出「正是因為被你讚美才更高興」的想法，就可以反過來讚美回去。

「想被你讚美」×將讚美奉還回去＝兩倍的喜悅

若使用這兩種加倍奉還的讚美方法，遇到先被讚美的情況就不會慌張，把它當成一個機會，學習把讚美奉還回去。

POINT

- 自己先獲讚美時，就是加倍奉還的好機會。
- 「反而是」法則＝被讚美時加上「反而是」後還回去。
- 「想被你讚美」法則＝表達出因為是你讚美，所以我更高興。

高級篇❷

稱讚對方身邊事物，間接讚美他

接著，來介紹反彈式間接讚美。這不是要直接讚美對方，而是讚美對方身邊的某樣東西，或是你自己變成被讚美的對象，卻等於讚美了對方。看看以下具體範例，這是學生S的親身體驗。

工作認識的朋友T，邀請S到常去的店裡吃飯。那是一間非常好吃、服務又很棒的店，於是S在回家時告訴店家：「非常感謝你們體貼的服務。」

雖然S讚美的是店家，但是T卻覺得自己被讚美了兩件事：

❶ 知道這麼棒的店，真的很有品味～

❷ 你的人際關係很好，身邊都有一些很好的人。

S對店家說：「感謝你們不著痕跡的體貼」時，帶他去這家店的T就感覺到「自己常去的店得到稱讚」了，也就是說，S在讚美店家的同時，因為「T選擇的店，是非常好的店」，間接的也稱讚了T——這就是反彈式的讚美。

另外，S的讚美也讓店家高興，店家也會覺得「不愧是T帶來的客人，他的身邊都是很棒的人」，T就感覺店家好像間接地讚美了他自己。

不直接讚美對方，而是藉著讚美對方身邊的東西；或因自己被讚美，使對方評價提高，結果便能稱讚到對方。反彈式讚美法是高段的技巧，可多嘗試。

POINT

- 藉由讚美對方身邊的東西，間接的稱讚對方。
- 藉由自己受到讚美，而提高對方的評價。

高級篇❸

暗地裡稱讚對方，快樂會膨脹

如果遇到一種人，無論你如何費盡心思稱讚他，對方都說「沒這回事」、不接受的人，有一種讚美技巧可以派上用場，那就是「暗中讚美」，也就是不要當面稱讚他，而是經由別人去稱讚。

「那位○○，之前有一次他明明已經很累了，還跑來幫我工作。我真的好感動，他是個體貼的人。」

像這樣，對他人表達○○的優點。這段話總有一天會傳到他本人耳裡：「△△說你很溫柔體貼」，你在背後讚美他的事情，會傳到他的耳裡。

在暗地說人壞話很傷人，但讚美別人就不會。人們在暗地討論的話題，總是以壞話居多，正因為少見，突然聽到別人對自己的稱讚，才更讓人高興。

背後稱讚人的效果絕佳，不只被讚美者的快樂會膨脹好幾倍，沒自信的人也能接受到別人暗中的讚美。讚美他的你不在他眼前，他想否認也沒辦法！

我們無法確定暗地裡的讚美，何時傳到本人耳裡，所以是一種長期作戰。因此，我都會留意自己每天都要暗地裡讚美別人一次。不是日行一善，而是日行一「讚」。這是一種靜靜地建立深刻信賴的讚美法，只要持續做下去，你週遭的人際關係會在不知不覺間改善。

POINT

- 不擅長接受讚美的人，就要暗中讚美。
- 因為少有人在背後讚美他人，被讚美者的喜悅會更大。
- 不用「日行一善」，而用「日行一讚」來建立信賴。

特別篇

就算對方不接受，也要讚美他

最後，是難度超高的讚美技巧。也許你會想：真的有人去實踐嗎？不過，我身邊有許多人都這麼做，請放心試試看。這個技巧需要愛——在一種「非常希望對方接受我的讚美」的熱情下，會想要使用的技巧。

「你的笑容真是太棒了！」

「我哪有，一點也不……」

「沒有沒有，沒這回事啦，真的！」

「……」

當你讚美一個人時，對方回應：「不、一點也不……」、「哪有這回事～」，於是對話便停滯，產生了尷尬的空檔。

不接受讚美的人，其實反而更希望被稱讚

東方社會認為謙虛是美德，因此即使受到讚美，也常會像這樣否定、或笑著帶過。乍看之下，是很好、很謙虛的回應方式，但是接下對話就很難繼續。

因此，當對方不接受你的讚美時，不妨帶著溫柔的笑容，這麼說說看：

「我是真心的覺得你的笑容非常美好，可否請你接受我這份感覺呢？」

（你自己怎麼認為我不清楚，但我真的覺得你的笑容很棒，你可以接受我這樣的感覺嗎？）

這麼說，對方就很難否定你。因為「感覺」是一個人的自由，總不能用「你不可能這麼覺得」或「你有這種感覺很奇怪」來否定對方。

其實，越不能接受讚美的人，越希望得到別人對他的讚美、希望別人給他好評價。若你稱讚努力中的部屬，而他回說「沒這回事」並陷入自我責備時，請你理解他其實想得到你的好評，因此，你需要學會用對方能接受的說法。

若你讚美對方，他卻不接受時，會產生讓人尷尬的空檔，因此，為了避免這種情形，若你受到讚美，請一定要面帶笑容說「謝謝」，接受對方的讚美。

POINT

- **即使對方表達謙虛，也不要慌張。**
- **表達「請接受我的感覺」來讚美對方。**

注意篇

靠意志無法改變的事，不能讚美

讚美一個人時，有個地方要注意。

有時候，即使你覺得「真不錯」的事物，對方卻覺得「很討厭」，這種時候，無論你怎麼表達你是真的由衷這麼認為，對方也不會接受。

「臉小小的真好呢！」

這麼讚美卻讓對方生氣了，那是因為對象是美國男性，他很不高興的說：「你這麼說，意思好像是表示我的腦容量很小喔？真是沒禮貌！」

其實我想表達的是，對方臉小小的，看起來像有九頭身的身材比例，讓我很羨慕。若是亞洲人，應該會明白我並沒有那個意思。但是對於沒有小臉偏好的美國人而言，卻認為自己受到侮辱。

「身材瘦瘦的，真好～」

當我這麼對一位女歌手說時，她的臉上瞬間閃過一陣陰影。接著，她帶著略顯落寞的神情，乾笑著說：「是嗎？」

我心想「慘了」，但是覆水難收，好像應該要想個辦法，因為她怎麼樣也胖不起來，於是，慌張的我回應說：「怎麼努力也瘦不下來的我，真的很羨慕！」就算我加了這句話，但是彷彿聽見她在心裡說：「夠了，別再說了！」

表達前後心情的變化，讓對方看見自我價值

有次在我訪問某位女演員時，她的經紀人遞給我一張紙條，上面寫著「五個注意事項」，讓我十分驚訝。

我訪問超過五千人，但就只有那次，收到這種紙條。當時那位女演員，因為戀愛的醜聞受到關注，所以紙條上面寫著「避免談到對方男性的問題」尚屬想像中的範圍。

但是，最讓我驚訝的是，那張紙條上的最後一項：

「請不要說她像免洗筷等，跟身體相關的事情。」

讀到這裡，我快要哭出來，到底那位女演員被傷得有多重呢？我猜想，一定有人這麼說過她。若非如此，就不會如此具體寫出「請不要說這句話」。

實際碰面時，我想是受到醜聞影響，她看起來非常纖細、很不安定，感覺隨時都要哭出來，可是她仍帶著笑容。真是一次令我非常心疼的訪問。

當我們看到某個人擁有自己沒有的魅力時，很自然的會感覺「不錯呢」、「好喜歡」時，大多反映我們其實對這樣的魅力是有憧憬的，但是，在把這件事表達給對方之前，希望你稍微停下來弄清楚一件事：

無論你覺得多棒，對方都有可能覺得「很討厭」。

本來你認為是對方的長處，但對方卻否認那是自己的優點，或者認為是缺點。但兩人若沒有交談過，可能不法得知，我告訴你判斷的線索：**那是對方可以自由改變的事情嗎？**像髮型、衣服，這些可隨著當事者的自由意志改變，所以沒關係。但若是身高或體型等這些即使想改變，卻不容易改變的部分，就算你覺得再好，在表達給對方知道前，請先停一下，想想是否合適再開口。

POINT

- **讚美前，先確認那是先天特質，還是對方可自由改變的特色。**

CHAPTER 3 檢查表

生活中，隨時讚美他人

- ☐ 讚美不要讓人覺得不好意思
- ☐ 找到「與他人不同之處」或「與平常不同之處」讚美他人
- ☐ 加上萬能關鍵字「好棒啊！」來讚美他人
- ☐ 使用有明顯正面意義的詞彙讚美他人
- ☐ 學會讓對方能接受你的讚美

  加上理由的讚美 / 用發問讚美 / 用事前事後的變化讚美 / 暗中讚美 / 讚美對方身邊的事物 / 表達出「希望你接受我的感覺」來讚美
- ☐ 先被讚美，就要加倍奉還

  加上「反而是」讚美回去 / 用「因為是你的讚美我特別高興」還回去
- ☐ 不要讚美身高或體型等，本人無法改變的東西

CHAPTER 4

引導對方說出想說的話

基礎篇❶

提出問題，讓對方說出想說的話

我一開始已經說過，為了讓對方當主角，說出自己想說的話，要先喜歡上對方，然後創造出讓對方容易說話的環境，並用讚美使對方敞開心胸。這些都做到後，我們可以學習用發問，來引導對方說出想說的話。

「就算想問，也不知道該問什麼才好……」有這種煩惱的學生很多。然而，我觀察他們之後發現，只有在緊張的對話時，才想不出問題。只要能靜下來思考，就能想到很多問題了。

在我想辦法解決他們的煩惱時，我確信所有人，已經擁有想出問題的能力，那就得去思考為什麼一開始談話，會想不出問題呢？**最大的理由就是，**

對對方沒有興趣。沒興趣的事情，就不會想知道，自然也不會想到要問什麼問題。因此我們在第一章就說過，首先要先喜歡上對方。

對於一個你喜歡的人，不可能想不出問題。如果是談戀愛時，對於你喜歡的人，無論什麼事情，應該都會想知道才對：他覺得我如何？他有兄弟姊妹嗎？他是哪裡人？喜歡什麼顏色？喜歡吃的東西是什麼？不只是戀愛，只要喜歡上對方，問題就會不停的浮現。

透過發問，可讓人自由地談論自己

發問，你可以認為是給對方的禮物。當然發問不一定都給對方有好印象，有時候也會不小心踩到地雷，問了對方不想被問到的問題，或是因為問題不夠清楚而造成誤解。

但基本上，我認為發問，是表示對對方有興趣的一種禮物。**在對對方有興趣或關注的前提下，就會想發問，然後希望能聽他說。**

送我「發問」這個禮物的，是歌手杏里小姐。那時明明是我訪問她，她卻問了我許多問題。

「你什麼時候開始當DJ的？」

「你還有做其他節目嗎？」

「西任小姐喜歡什麼樣的音樂呢？」

比起談論自己的事情，杏里小姐更想引出我的話題。一般的訪問不可能發生這樣的事，受訪者都想在有限時間裡宣傳自己，很少人會問主持人問題。

因此，我一高興，就不小心說了太多自己的事情，到後來還被導播責罵。但她問了我那麼多問題，真的讓我很開心。因為人基本上都是想說話的。**每個人都希望別人聽自己說話，希望別人了解自己。**

另一方面，誰都不想成為「明明沒人問他問題，他卻自己說出了主張而惹人討厭」的人，因此，可以解決這種需求上的矛盾，就是發問了。因為被問了，就有了正當理由可以發表自我主張，「因為有人要求，所以我說一些自己的事情」。

可見**發問，可以為對方創造一個「讓他說想說的話」的環境**，因此，不要客氣，儘管問吧！

POINT

・如果對對方沒有興趣，就想不出問題。

・發問，是給對方一個禮物，表示你對他有興趣。

・發問，給對方一個發表自我主張的理由。

基礎篇❷

發問之前，先表達你的意圖

想不出問題的第二個理由，與其說是對對方沒有興趣，更大的原因是不安。有些人一被問問題，就會生氣：「這種事你都不懂嗎？」、「之前說過了呀！」曾被這樣責怪過的人就會認定「發問是不好的事，會讓對方生氣」。

此外，若要對一個看起來很可怕的人提問時，難免會覺得惴惴不安：「我問這個問題，他會不會生氣？」的確，除了年齡、政治、宗教等有些不能問的禁忌項目，被問問題就會生氣的人，其實是少數。基本上，通常被問問題的，明白對方是因為感到興趣而問自己問題，都會很高興。

若對方對問題有不信任感，理由很明確，那是因為他不知道你問這個問題

的企圖是什麼。這樣的人被問問題時，心裡面一定會這樣問自己：「這個人為什麼會問我這件事？」

不明白發問者的意圖，就覺得不安，想像也隨之擴大，有時候還會自己解讀成「我被當成傻瓜看？」、「他這是在看輕我？」

先說出為什麼這樣問，讓人安心回答

用身旁的例子思考一下。要是有人問了「這個星期天你有空嗎？」這句話，你是不是會猶豫該如何回答？如果回答有空，對方約你去不想去的活動，就很難拒絕；但是要是說沒空之後，他的邀約卻是很有趣的事，事後很難說清楚其實有空。

因此，很多人會回答「為什麼這麼問？有什麼事嗎？」先詢問意圖，一旦明白意圖之後，就能放心回答。

接著我們就來想想看，如何表達自己發問的意圖。比方說，要是沒有任何前兆就突然被這樣問到以下問題，對方的感覺會是什麼？

「莫非你是長女？」

我哪一點看起來像長女？

還是這個人其實是個通靈者？

占卜師還是什麼來著嗎？

還是說，他是我兄弟姊妹的朋友？

但若在前面加上發問的意圖，對方就會放心了：

「你感覺有一股值得依賴的氣質，莫非你是長女？」

一旦明白對方的意圖，是想知道值得依靠的氣質的理由，就能放心回答問題。我們用不同的例子思考看看。

「〇〇先生／小姐，你也會緊張嗎？」

要是突然這樣問，對方應該會有很多想像：

他為什麼突然問這個？

因為我看起來很了不起嗎？

他是在測試我嗎？

他有什麼根據認為我是不會緊張的人？

若加上意圖的話，就變成這樣：

「〇〇先生／小姐的說明會，總讓人覺得很沉穩、非常有說服力，但是你是否也會有覺得緊張的時候？」

像這樣附加說明，表明自己的意圖是因為想讓說明會能順利，所以想知道很厲害的人是不是也會緊張。

發問前先說出「為什麼這麼問」的意圖，對方明白你發問的目的，就會覺得放心，知道你要的是什麼，就比較容易回答了。就結果而言，也能引出你想要的答案。

POINT

・在發問前，表明意圖拂去對方的不安。

・表明意圖後，更容易引導出你要的答案。

初級篇❶

從對方的問題，了解他想說的話

亞洲人大部份不太擅長表達自己的主張，就算有想說的話，也很不容易自己開口提出來，這時候可以幫忙製造說話機會的，就是發問了。

為了解決這個問題，第一步是先發覺對方想說什麼。原則上要仔細觀察並同時去感受對方。我們先介紹任何人都能看懂的徵兆——愉快的發問。

當對方一副很高興的樣子問你問題時，那並不是他真的想問，而是他有話想說。比方說，對方很開心地問你「你週末做了什麼？」你會怎麼回答呢？

「週末我們大家一起去打了網球，而且，那時候……（繼續講）」你不能講太久。當對方很開心地發問，其實是他自己想談論這個話題的信號。

「在家裡悠閒的度過。你呢？」應該像這樣**很乾脆的把自己的話結束，馬上反問對方。**

「這個嘛！」若對方頓了一下才開始說，那正是他有話想說的證據。

簡單回答就好，讓對方說他想說的事

雖然有話想說，但不確定對方是否有興趣而感到不安的人，很難像孩子一般，直接說出「喂！你聽我說！」這種話。這時候，我們會先把問題丟給對方，讓對方先說話。**等到對方說完，我們就能沒有顧忌的說出有關自己的事。**

類似的光景，我們也常在居酒屋裡看到。看起來相當美味的煎蛋，明明已經端出來了，卻不知為何沒有人動筷子，這時候總是會猶豫是否該第一個動筷的人，通常會先對隔壁的人說：「你要不要先請用？」讓他先夾菜，然後自己再夾，如果有人先夾取了，就比較容易動手夾取。

這是大部分亞洲人的餐桌禮儀，就是在餐廳裡，一定要先請別人夾取菜餚之後，才能把想吃的菜分夾到自己盤子裡。不光只是用餐，喝酒時也是一樣，自己想喝的時候，都會事先問旁人要不要喝。

這是一種禮貌。對於回答別人的問題，卻自己長篇大論一直說，就好像當別人請你品嚐一道料理時，你卻獨自把一整盤都吃光一樣。照理來說，應該吃了一口之後，就轉動桌子讓對方吃吧。

愛說話的人何止是整盤吃光，還會說「除了這道菜，我更想吃那一道」，順勢也把別盤菜都拿過來開始食用。明明對方問你「週末做了什麼事」，你卻說：「不要聊週末的事，我想到之前暑假的事情……」一下子改變話題，並開始自說自話，請小心避免變成這樣的搶話王。

POINT

・當對方很愉快地問問題時，其實是他有想說的話的徵兆。

・自己的回答保持簡短，馬上把問題回問對方。

初級篇❷

用最近發生的事，問對方問題

若對方先問你問題時，雖然可以猜測出對方的興趣，但基本上還是要一面看對方反應，一面尋找對方的興趣，由你來發動話題。這種感覺就像是投出各種發問球的同時，在投球的方式多費點心思，讓對方好打擊。

投出好打的球，對方就可以擊出安打或全壘打，也就是可以讓他們把想說的話，很自由暢快地說出來。這時候，你會看到他們的音量放大、音調提高，或是說話的速度變快等等。有些人身體還會往前傾、動作變大，或是眼神變得有力。你投的發問球是否容易擊打，從對方全身的反應可以看得出來。

投出發問球的時候，基本上只要想問的事情，什麼都可以問，但是要注意不要把場子搞冷了。具體來說，就是**盡量不要投出會讓對方用「不知道」、「不曉得」等「不」字的否定語氣來回應的發問球。**

大家會問的問題，放到最後再問

會讓對方不想回答的代表性問題，就是大家都會問的問題。舉例來說：在某個宴會結束後的回家路上，一位擔任俄羅斯語翻譯的朋友，用不耐煩的表情這麼說：「為什麼你會說俄羅斯語？幾乎每一個第一次見面的人，一定都問我這個問題，真的好麻煩！」

遇到外語流暢的人，我們總是會想問他「你曾在國外住過嗎？」、「你在哪裡學的？」等問題。發問的人或許是第一次問到這種新鮮話題，但被問的人卻已經被問過千百次，對這問題覺得很厭煩了。

然而，我卻看過這位翻譯的朋友，用很愉快的神情，說明一個應該是很討厭的問題。有時候即使你沒問，對方也會主動說明，那就是他有一個需求產生了——「希望你們更了解我」。

即使是反覆被問過的麻煩問題，如果你覺得「希望這個人更了解自己」時，就不會覺得麻煩。因此，**大家都會問到的問題，請你放到後面再問**，等待對方想說的時機來臨。

回頭想想，我在訪問中有數次類似的經驗。例如訪問音樂人時，都是他們想宣傳的時候，所以他們走到哪，被問到的問題都很類似。

「專輯的名稱是什麼意思？」

「錄音的時候，有沒有遇到什麼辛苦的事情？」

要是被問了幾十次，膩了也是無可厚非。即使膩了仍願意分享，當然沒關係，但有時也會有人對這些問題面露不耐之色，又或者說「是的，有很多辛苦之處」等，不會好好回答問題，因為你沒有等到他想說的時候才問。當你投出的發問球，可以讓對方從想說的話開始說，這樣的失誤就會變少。

剛發生的事記憶猶鮮，會讓人想急著分享

若把想問的事放到後面，那從最近發生的事問起，就容易打出安打。

例如，被問到三年前的旅行，要回想起來就挺辛苦的，但是上星期才去的旅行，你就會清楚記得，感動也還留在體內。**問最近發生的事情，比較容易把氣氛炒熱，因為身體裡還殘留著當時的感覺，就會想把體驗過程表達出來。**

若碰到第一次見面的人，想問的還是過去的事。像我就經常被問到「為什麼會當主持人？」、「為什麼開始教人家說話？」等過去的事。不太了解我的人就會想知道「這個人是什麼樣的人呢？」因此大部分都先問經歷，也是很自

然的事情，但是當事人想說的還是最近的事情。

因此，首先以最近的事情當破題。可能被問過多次的問題，就等到對方想說時再發問。比起你想了解的順序，應以對方這位主角想說的事的順序為優先。讓對方當主角，說出他想說的話，慢慢的，對方對你產生興趣的時機一定會來臨。當對方開始「希望你可以多認識我一點」時，就是你發問的時候。

POINT

- **在對方想說的時候，才詢問那些被問過很多次的問題。**
- **比起過去的事，最近的事情更容易說。**
- **發問的順序，要以「對方想說的順序」為準。**

初級篇❸

一面重複對方答案，一面發問

在你投出發問球，同時尋找對方興趣時，還有一件事要注意的，那就是發問的速度不要太快。

在棒球打擊練習場中，若機器壞了，球一直不斷飛過來，應該會感到十分恐慌。發問球也是，想要引出好的反應、卻丟出太多問題，就會變成像是警察在偵訊，如同以下的狀況：

「你從事什麼樣的工作呢？」

「業務。」

「你的業務是哪方面的業務？」

「進口食材。」

「進口的是哪些食材呢？」

「進口義大利麵和調味料、巧克力等……」

「從哪一國進口？」

像這樣發問↓回答↓發問↓回答，不斷持續下去，對方會覺得自己好像在偵訊室裡，完全不知道對方如何看待自己的答案，內心盡是不安。因此，發問的時候，要重複一次對方說的話，讓對方知道你有認真在聽。

「你從事什麼樣的工作呢？」

「業務。」

「原來你的工作是業務啊。是哪方面的業務呢？」

「進口食材。」

「原來是進口食材啊！比方說是什麼樣的東西呢？」

「進口義大利麵和調味料、巧克力等……」

「義大利麵跟巧克力嗎？是從歐洲進口嗎？」

就像劃線的地方那樣，重複對方的答案再發問，可以讓對方知道你已經接收到答案。

也許你會覺得，這樣很像鸚鵡學講話一樣，但是不要緊，**只要你將眼神移開一下，就不會像鸚鵡學話。**

加上自己的感受，複誦對方的回應

眼神移開，可以讓對方知道你心裡正在接受對方的發言。人們在思考或是回憶的時候，也就是審視自己內在的時候，眼神都會移開。例如，你現在思考一下下面這個問題的答案。

「你昨天晚上吃了什麼？」

回想昨天晚餐的你，眼睛是不是有一瞬間離開了這本書呢？因為你在尋找自己的記憶。當你想看看自己的內心時，眼神自然會從對方身上移開。另一方面，當你希望對方了解什麼、或想表達什麼讓他知道時，眼神就要跟他相對。

當你重複對方的話，並把眼神移開，有種「你正在將對方的話，慢慢吸收到內心」似的印象就可以了。一面提醒自己要把眼神移開、一面執行，也許會有點不太自然。不過別擔心，這就是平常當你想要認真接受對方的回應時，無意識中會做的事情。

要是行有餘裕，可以不只重複對方的話，慢慢加上自己的感覺。

「你從事什麼樣的工作呢？」

「業務。」

「原來你是業務啊。那就難怪了。我從剛剛就覺得你是一位很健談的人呢。你的業務是處理哪方面的東西呢？」

「進口食材。」

「原來是進口食材啊。比方說是什麼樣的東西呢？」

「進口義大利麵和調味料、巧克力等……」

「義大利麵跟巧克力啊？都是我喜歡的東西呢！是從歐洲進口嗎？」

像這樣，藉由吸收對方的答案，再表達出你自己感覺到的東西。**對方知道你是如何理解，就會更加放心，結果就會覺得更容易交談。**

業務不等於推銷，別更改別人的說辭

有一種容易出現的失敗，那就是詞彙替換的問題。例如對方說「業務」，你不能代換成「是推銷嗎？」因為對於不同人，業務跟推銷，有不同的意義。

日本南方之星樂團的主唱桑田佳祐先生，就不認為自己是藝人，而是歌手。也許有人會覺得「那還不是一樣？」但是對於桑田先生，意義就是不一樣。還有蒼井優小姐，她說自己不是女明星，而是演員。因為「女明星」給人一種華麗閃亮的形象，但是蒼井優認為自己只是喜歡戲劇、喜歡演戲，如果稱她為女明星，她會感覺到離自己很遙遠。

在廣播節目中主持的人，我們一般稱為DJ，但是即使同樣是東京的廣播電台，東京FM就稱DJ為Personality（空中人物），而J-WAVE廣播電台卻稱之為Navigator（領航員），不同的電台，就有不同的稱呼。而在許多電台做節目時，不同節目也有不同稱呼，非常混亂，我也曾經弄錯過。那時候我曾被嚴格指教，因為廣播電台的稱呼方式非常重要。

日常會話也是一樣。我曾對一個「感覺身體很沉重」的人說「你身體不舒服」，卻遭他否定：「不，是很沉重！」對他而言，「沉重」跟「不舒服」是不一樣的。**雖然從第三者看來沒什麼差別，但可能對於本人不用某個詞彙就不行。**因此，在覆述對方答案時，請尊重對方的用詞。

POINT

・接連發問，可能會讓對方產生正在接受偵訊的感覺。
・先重複一次對方的答案，再問下一個問題。
・若行有餘裕，重複對方答案時可加上自己的感覺。
・尊重對方說出來的用詞，覆述時要用同一個詞彙。

中級篇❶
單純的問題，用裝傻方式提問

之前曾舉出兩個想不出問題的理由（詳見第一四二頁、第一四六頁），此外還有一個理由，就是「問了這種問題，會不會被當成傻瓜？」的不安。曾經被質疑「這種事你也不知道」的人，會害怕一旦問問題，自己的知識程度就要攤在對方眼前。

我在廣播節目或演講中，也經常出現像是傻瓜，而覺得很丟臉的情況。像是我不知為何竟把「高湯」唸成「高燙」；把「未曾有」唸成「未ㄗㄥ有」，結果還被節目企畫說：「你是否看錯腳本了？」害我羞得整個臉都紅了。

我也曾經問過製作金太郎糖果（編註：日本一種傳統糖果）的師傅：「這

個金太郎是女生嗎？」結果對方被我嚇到。因為我看見金太郎的嘴唇紅紅的，很可愛，一瞬間就誤以為他是女生了。那時候因為丟臉，整個臉都像在噴火似的，但是現在回想起來，卻是很好的回憶，因為大家都笑了。

為了讓對方當主角，自己當個傻瓜比較好。其實說著「你真是傻瓜」的人，臉上的表情大多都很高興。我想，這是因為看到別人的破綻、進而有種放鬆的感覺，同時也會覺得自己站在比較優勢的位置，所以感到心情舒暢。**一旦對方心情好，就會告訴我們很多事情，說的人跟聽的人都會很開心。**

簡單的問題，可以問出事情的本質

此外，**單純的問題，有時候反而可以直指事物的本質**。某位音樂評論家很熱烈的說明七〇年代的迪斯可風潮時，我突然有個疑問湧現，便問了他：

「迪斯可跟一般的舞曲有什麼不同呢？就算是個風潮，好像不論什麼時代，都有某種舞曲會暢銷，不是嗎？」

於是，他便告訴我：「的確如此！任何時代都有為了跳舞而誕生的樂曲，只是七〇年代的狀況比較特別一點。在那之前，對於美國年輕人，玩樂就是開車兜風。不過當時石油價格高漲，開車並不便宜，即便如此，年輕人還是想玩樂，那要怎麼辦呢？於是，他們就在小小的舞廳中散發能量，迪斯可才會爆炸性地流行起來。」

雖然這好像是大家都應該知道的事，可能會被認為「現在還問這個？」確實很難問出口，但是，現在站在「演講或研習中總是被問問題」的立場上，我發現，這樣的問題，背後經常隱藏著問題的本質所在。

日本畫家千住博對我說過一句很美的話，至今仍深印我心。

「世界上沒有無聊的問題。只有無聊的答案。」

這是千住先生在演講中，沒什麼人舉手發問時，他所說的話。

在遇到不懂的事情時即湧出「我想知道」的欲望，是使人生更豐富的種子。會想到任何疑問，對求知有興趣，問問題沒有什麼好或壞，這就是你。單純的疑問，很有可能直攻事情的本質，引出對方意想不到的答案。如果被嘲笑了，你也要高興因為大家都笑了，跟大家一起笑就可以了。不要不懂裝懂，有時候就是要下定決心，「被當傻瓜也沒關係」。

POINT

- 不要隱藏你的傻瓜樣，讓人笑笑也無妨。
- 單純的問題有時會直指問題本質，就光明正大的發問。

中級篇❷

聊到對方講究之處，讓他驚訝

「這個問題沒人問過！」如果能問出這樣的問題，並且讓對方笑顏逐開，那話題就會在瞬間熱絡起來，因為這個問題隱藏著提問者有新的發現。

這是我在訪問日本知名木刻版畫家名嘉睦稔的事。那時他在原宿舉行個展，在碰面前，我先去看他的作品。展示的作品是一幅描繪大自然的版畫，細膩地呈現出光線與空氣。但在畫中零零散散有些幾何圖形模樣的畫。

因為覺得大自然與人工直線放在一起非常有意思，就問了名嘉先生這個理由是什麼。在那瞬間，名嘉先生的表情突然一變，笑顏逐開地說：「這個問題第一次有人問呢！多虧你能發現！」然後他便很高興地說出他對作品的想法。

第一次被問到的問題，可以給對方帶來很大的喜悅。「要是有人能發現就好了，自己並不想去強調它」，**當問題被指出來之後，對方就覺得「多虧你能問這個問題」，並且有種遇到知音的感覺。**

一個人對事物的講究，最能引起話題

有聽過「百年孤寂」這款酒嗎？這是一款很難買到的名酒。有次，我一位朋友在它瓶上的標籤，發現了小小的英文印刷字樣：

"When you hear music, it's over. It's gone in the air. You can never capture it again."（你現在聽的音樂會消失在空氣中，你再也無法捕捉得到。）

這句話爵士音樂家艾瑞克・杜菲所說的。我這位朋友非常喜歡音樂，因此他打了電話，給位於宮崎縣、製造「百年孤寂」的酒莊。接電話的女性請他稍候一下，結果回應電話的竟然是老闆。兩人便興奮地談論起爵士樂，過不久，朋友家裡就出現了「百年孤寂」，想必電話聊天的過程中，老闆應該非常高興，只可惜我朋友應該沒什麼酒量。

「雖然只要懂的人能理解就好，但說真的，還是非常希望有人理解……」

當你發現一個人有這樣的想法，我可以說命運注定你們兩人有很深的緣分。這與一起共度的時間長短沒有關係。當情感能夠彼此連繫時，兩人就能心意相通，並希望能透過交談，分享彼此的喜悅。

因此，**為了想發現對方對某些事物的講究，就要注意仔細觀察**。因為「想看而去看」的觀察，與一般「看到」的觀察，看起來很類似，卻完全不同。

比方說，你可以想想每天上班大樓的天井，其照明如何配置？離你家最近的車站到你家之間，如果想著「去看看吧！」然後真的去走一走，也許就會發現從來不曾察覺過的看板或店家。那是你平常好像有看到、又好像沒有看到的日常景色。

同樣的，請你想想對方的事。會發現好像有看過、卻又好像沒仔細看過的事情。昨天跟你一起吃晚餐的人，穿什麼樣的衣服？帶什麼顏色的包包？你能畫出對方的髮型嗎？或者是，你現在看一下自己的手。顏色和厚度、皺紋、血管、乾燥的程度。仔細看，我想你會發現：「原來我的手是這樣的」！

POINT

・若能聊到講究的地方，一下子就會感覺變得很親近。

・為了發現講究之處，必須要注意仔細觀察。

高級篇❶
與個人體驗有關的問題，容易回答

大部分廣播節目，每天都有設定主題？例如：「今天的主題是成人式（編註：日本節日之一，目的為向該年度年滿廿歲的青年男女表示祝福）。請回憶你的成人式，然後告訴我們。」像這樣，揭示今日主題，募集聽眾的意見。

若每天都做現場直播節目，就會發現，觀眾傳來的意見數，會因為主題不同而有所改變，那些不需要思考太多的主題，可以蒐集到很多的意見。例如，前述成人式的例子，就是不用思考的主題之一。需回想的是既定的日子，一生只有一次體驗，不需要思考或是選擇，只要想出一點內容，就可以不費力地回答出來。

聽眾回饋的意見多到驚人的，是「你喜歡的營養午餐菜單」這個題目。「我喜歡女兒節時會有的菱形果凍」、「我喜歡咖啡調味的奶粉」等等，大家回想起來都會討論得很熱烈，還擴大到吃營養午餐的時光，連當時個人發生的事和感覺都一一浮現。不但不需要思考，光是談論這些回憶，令人非常開心。

用開放式問題，引出具體的答案

另一方面，像是「喜歡的諺語是哪一句？」、「喜歡的異性髮型是哪一種？」等主題，募集到的意見就不太多，因為這些回答需要從許多選擇中挑選出來，而且還必須思考理由，不但麻煩，還很花時間。

因此，**如果要讓不太會講話的人當主角時，就要問一些不需要思考，也可以回答的「體驗」**。

「學生時代你參加什麼樣的社團？」

「你最近看了什麼電影？」

「最近一次的旅行是去什麼地方？」

這時候若是開放式問題，話題就會延伸出去。所謂開放式問題，就是無法用「是」、「不是」回答的問題。參加的社團是管樂社還是足球社？電影的名稱是什麼？去過的地方是哪裡？這些開放式問題，可以引出具體的答案，話題就容易延伸出去。

雖說要問開放式問題，但若想詢問私人問題時，還是要看對方的狀況再決定。「兄弟姊妹有幾個人？」、「住哪裡？」、「目前的工作做了很久嗎？」等問題，雖然都是不需要思考就能回答的問題，但是由於踏進了私人生活領域，有的人會有所警戒。問這樣的問題時，要觀察對方的表情，並採取【發問前先說出答案，讓對方安心】（詳見第七十一頁）的方式來發問。

POINT

- 不擅長說話的人，詢問他有關「體驗」的問題。
- 利用開放式問題來延伸話題。
- 私人生活的問題，要採取先說答案再發問的方式。

高級篇❷

大膽提出難回答的問題，探索興趣

還有一種方法，是大膽投出很難打擊的發問球，來尋找對方的興趣，那就是「最○○的」這種問句。

「至今影響你最深的人是誰？」

「你最喜歡的是哪種書？」

「在你遇到的人之中，你覺得最厲害的人是怎樣的人呢？」

這個「最○○的」問題，是你發問、也被問得很多的問題之一。因為這必須重新回顧過去一段很長的期間，很難回答。若被問到「影響你最深的人」時，就必須回顧人生中影響你的人；被問到「最喜歡的書」就要開始回憶過去讀過的許多書籍……因為過去的記憶沉睡在大腦深處，不易取出，因此需要花一點時間把它們找出來。取得資訊後，還要選擇其中之最，所以很麻煩。

分母大的問題，反而能聚焦對方重點

「最〇〇的」問題，要在腦中整體掃描似的回想，然後再從中選擇一個，是要花很多時間回答的問題。我將這種「最〇〇的」的問題，稱之為「分母大的問題」。因為分母很大，所以選項也很多，可能是一百分之一，也可能是一萬分之一等。

這種分母大的問題，若選對時機運用，可以發揮很大的力量。丟出分母大的問題時，對方要從許多分母中，選擇自己有興趣的東西。如果透過累積小問題來探詢興趣，需要花很多時間，但若是**分母大的問題，對方會自己選擇有興趣的告訴你，這樣就能夠在短時間內，逼近對方有興趣的核心。**

「你喜歡電影是嗎？最喜歡的電影是哪一部呢？」

「嗯，我喜歡『○○』還有『△△』，還有，最近很迷韓劇。」

「你從事業務工作吧。做業務最辛苦的地方是什麼？」

「最辛苦嗎？嗯，我經常要出差……」

像這樣，對方要是告訴我們他有興趣的事情，那關鍵字就會連結到下一個話題。實務上，我**問得最多的問題，就是：至今影響你最深的一本書、電影、人、一句話、音樂、旅行；此外還有過去至今，覺得最辛苦或最困難的低潮**

期、失敗等等。

這些一樣是很難回答的問題，所以請在對方有心回答你的問題時再發問。若能再加上「我想這個問題可能很難回答」這句話再發問，應該會更好。讓對方花費心力去尋找，而不是由你丟出各種問題，去尋找對方的興趣所在。所以請別忘了說這句話，這是在帶給對方負擔之前必須要有的禮儀。

此外，提出問題後，到對方回答之前，可能會花很多時間，但也不需要焦慮，因為這問題本來就會花時間思考，所以請面帶笑容、等待對方的答案。

POINT

- **「最○○的是什麼？」，這樣的問題很好問，卻很難回答。**
- **用分母大的問題，具體引出對方的興趣。**
- **別忘了加上「我想這個問題很難回答」。**

高級篇❸

對不說真心話的人，故意說NO

有沒有試過你想好好聊一聊對方的狀態，卻讓這個對話沒有結果？即使你想說真心話，但是對方顧左右言他，或是半開玩笑的回答，就變成一種得不到回應的狀態。

我也曾在訪問時遇到這種狀況而感到困擾。我問了很多問題，對方卻只回應我「嗯，就是啊～」、「哈哈哈，這個問題很有趣！」等曖昧不清的答案，一直訪問不起來。

這種時候，可採用一種有點難度，但很有用的技巧。那就是故意說NO。

這是我訪問某位經營者的事情。那位社長從父親手上繼承了公司，他曾在國外學習藝術，是一個非常聰敏又有魅力的男性。然而，不知道他是否覺得若很認真回答問題就不酷，所以不論我問他什麼，他都不會給我正經的答案。

看著時間不斷流逝，卻一直持續著沒有內容、只有表面的對話。我心想，這下一定得想個辦法才行。於是我故意用我心裡想的話去頂撞他，說：「你才不是這麼想的吧！」

那一瞬間，那位先生突然像開關被打開似的，很大聲地說：「並非如此！」然後開始認真地說起來。在那之後，無論問他什麼問題，他都認真回答，最後我們完成了一次很不錯的訪談。

帶著想要瞭解對方的心，給予反對意見

為什麼他會突然開始對我說真心話呢？你發現了嗎？因為我們都討厭被

人誤解，所以當你被誤解為「你就是這樣想的吧！」，就不得不說明「不是這樣！」無法再保持沉默、回答一些表面空泛的答案了。

故意說ＮＯ最重要的是「懷疑的心情」。**所謂的懷疑，就是指「究竟是怎麼樣呢？」、「很想知道」、「真不可思議」的心情。**

有時候，對方不認真談話，會讓你的心情變得焦慮，並開始出現具攻擊性的語氣。若用這樣的語氣故意丟出ＮＯ，對方會解讀成自己受到攻擊，進而展開反擊——這並非你想要的。其實，你只是想要瞭解對方才說ＮＯ，所以為了避免變成攻擊的語氣，請注意一定要帶著「純粹想瞭解」的心情去發問。

POINT

- **不說真心話的人，就故意誤會他。**
- **用懷疑的心情，引出對方的真心話。**

高級篇4

事前別過度編排腳本，輕鬆聊就好

跟喜歡的人第一次約會，或是向顧客說明新產品，想必都會比平常更緊張，因此我們事前都會思考話題，或是準備說話的流程。我也是。剛開始主持廣播的頭幾年都很緊張，訪問之前都會思考過多問題。不只是問題，就連「對方可能怎麼說」的答案都事先預想，準備好整體的腳本。

在訪問搖滾樂團THE HIGH-LOWS時，我費心準備了比平常更完美的腳本。因為見過樂團成員的工作人員，給了我這樣的建議：「THE HIGH-LOWS很難訪問，因為他們不會認真回答你的問題，先有這個心理準備比較好。」這樣的建議，讓我覺得好可怕，心裡充滿不安。

到了正式訪問當天。雖然我手邊有完美的腳本，但THE HIGH-LOWS的團員並沒有認真回答我的問題。成員們彼此談論著我聽不懂的話，他們的話題中好像出現女孩的名字，於是我問：「那是你們的朋友嗎？」結果他們笑翻了。

與其說我在訪問他們，不如說像是被他們耍著玩，即使如此，我仍拚命按照腳本進行，不斷提出問題，可是他們到最後都沒有正面回答我的問題。

聊聊生活裡發生的事，更能拉近距離

「明明就是來宣傳的，為何不好好談談新專輯呢？」我心懷怒氣，但還是禮貌性地說出「感謝你們的光臨」，便離開了錄音室。

這時主唱甲本浩人說：「果然還是會生氣呢！不過，我們在全國一直都被問到同樣的問題，真的已經膩了。比起那些，問我們今天內褲穿什麼顏色，還比較有意思呢～」

這個人到底在說什麼啊？什麼內褲的顏色？誰會問那種問題！我這麼想著，但也只是「喔」的一聲，便離開了。

當我離開，要搭乘電梯時，電梯裡竟然就是THE HIGH-LOWS的成員！這時機真是太糟了，我非常後悔沒先去化妝室，但也不可能就不搭那班電梯。

因為覺得很尷尬，我就一直低著頭。但又覺得不說些什麼好像怪怪的，便問說：「你們這就回東京了嗎？」他們說，接下來要去黑膠唱片行。而他們當晚投宿的飯店，很巧的跟我同一家。

話題不知不覺就聊到「那就一起回飯店」，我也不知道怎地，就陪他們一起去了黑膠唱片行。當我們抵達飯店時，他們又說要打電動，還邀我一起，我們便一起玩了「純愛手札」這個遊戲。那時候我才發現，原來訪問時他們提到那位女孩的名字，就是這個遊戲的角色。

就這樣一起共度了好幾個小時，我聽了THE HIGH-LOWS的成員們說了很多。印象最深刻的，是吉他手真島昌利告訴我的話：

「要堅持自己的意見，首先就要拿出成果。如果不這麼做，沒有人會聽你的意見。自己什麼成果都沒有，還要堅持己見，天下沒有這種事！」

那時候他們發行專輯《Tigermobile》，封面是仿虎皮的材質。他告訴我，跟紙封面比起來，這種花費更多預算的點子，是不可能那麼輕易實現的。

會話，是兩人一起創造當下的瞬間

我擅自將這一連串的事情，稱之為「HIGH-LOWS事件」，這使我後來的訪問產生了很大的質變。我清楚理解到**準備得太多，會被那些準備好的東西束縛而看不清對方**。

會話，是一個「跟對方一起創造出來的瞬間」。不是要讓對方一起表演你準備的腳本——那只不過是「想完美呈現你個人想像」的自大意識罷了。

重要的是，你要看著眼前這個人，感覺眼前這個人。我並不是說不要準備，只是準備的東西是過去式，被準備好的東西束縛，等於是活在過去。若眼前這個人一面看著準備好的稿子，只想按照預定進行，像是仍活在過去，你會有什麼感覺？你一定會有被忽視的感覺。

我非常了解緊張不安的時候，想要依賴準備好的東西的心情。但是那種時候，我希望你能回想與對方說話的目的是什麼。按照準備好的話題進行是你的目的嗎？不，**引導對方說出想說的話，讓他安心、開心地說話才是你的目的。**如果你能回到這個目的，應該就能放下準備好的腳本了。

POINT

- 事前準備得太多，會被準備資料束縛。
- 重要的是，注視及感覺眼前的人。
- 會話，是在當場與對方一起創造出來的成品。
- 如果感到不安，就回到會話聊天的目的。

CHAPTER 4 檢查表

讓對方回答你拋出來的問題

- [ ] 發問，是送給對方的禮物，請帶著這樣的自信去發問。
- [ ] 先表達意圖再發問。
- [ ] 若對方很高興地問你某些事情，就要立刻反問對方。
- [ ] 從「對方容易說的事＝最近發生的事」開始問起。
- [ ] 先表示出接受對方的答案，再問下一個問題。
- [ ] 不要怕丟臉，單純的問題也要問。
- [ ] 仔細觀察，找出對方堅持講究之處。
- [ ] 不擅長說話的人，就問些不用思考也能回答的問題。
  有關於體驗的問題 / 用開放式問題發問
- [ ] 想進一步發問時，就問有變化的問題。
  用「最〇〇的是什麼？」找出興趣 / 故意問出有誤解成分的問題
- [ ] 事前的問答腳本，不要準備的太充分。

CHAPTER 5

炒熱話題，讓話題源源不絕

變換附和語，讓人覺得你在聽

喜歡上對方，創造好說話的環境。於是敞開心胸的對方可以放心說出喜歡的事情時，接下來中要的就是怎麼傾聽。

任何人會感覺到說起話來很舒服，都是因為有認真傾聽的人。如果能切實的接受自己的話，我們就會想對那個人說得更多。

那麼，該怎麼做才能讓對方知道我們正在認真傾聽他說話？可以看得到的話還真想把心拿出來給他看一看，讓他確定一下，但遺憾的是眼睛看不到心。因此對方會從你的言行舉止來想像你的心。言行舉止就是你的言語和行動。總之就是，你說了什麼、做了什麼，都會成為傳達你心意的材料。

反過來說，就算你再怎麼認真聽，如果你的言行就是看不出來，被當作沒有在聽也是無可奈何的事。畢竟，心是看不見的東西。

在我當上電台主持人過了兩年之後，主持人前輩中島廣人給了我這樣的建議：「你在讀聽眾的傳真時，有點太陰暗了。雖然我知道你是很認真，但是聽的人不會明白。你讀的時候要更明朗一點才好。」**重要的不是你自己怎麼想，而是如何讓對方明白。**

從那之後我就很留意要客觀看待自己的言行。我說話時開始會一面想像著自己的表情或聲音、言語或姿勢等言行舉止在對方眼中的樣子。

搭配不同附和語，增加談話豐富度

首先從增加附和與的變話開始做起。「嗯」、「是」、「這樣嗎」等等，以往我會說的附和語都只有一種模式，我想這樣無法讓對方明白我很認真在傾聽。我觀察身邊的人如何使用附和語時，才發現有很多種說法。我們就幾種情況來分別看看。

●想肯定對方時用的附和語

例如：「是啊」、「正是如此」、「原來如此」、「真的呢」、「我也這麼認為」、「太對了」、「果然」、「完全正確」等。

「太對了」、「完全正確」這兩句我沒有用過，所以第一次模仿的時候，總覺得自己好像變成熟了似的。

●想表示有興趣的時候用的附和語

例如：「很讓人驚訝呢」、「真不敢相信」、「真的嗎？」、「原來是這樣嗎？」、「然後怎麼樣了呢？」、「好厲害！」、「然後呢？」、「接下來呢？」、「真有意思」、「請再多說一些」、「哦」、「哇！」、「竟然是這樣！」、「咦」、「欸」等。

沒想到「哦、哇、欸」這樣一個字也可以當成附和語，真讓我驚訝。不過想想，五十音中很多都是只要一個字就能表達出附和的意思。當然，這是較為非正式的表現法，就依時間地點還有狀況選擇性的使用吧。

最後，是否定或無法同意對方的話時使用的附和語。這種時候我總是不知道該怎麼說才好，於是選擇沉默，後來發現這麼說就可以了，令我茅塞頓開。

● 否定或無法同意時使用的附和語

例如：「真是饒富深意的想法」、「這是一個新觀點」、「你擁有非常獨特的觀點呢」、「非常有你的風格」、「也許真是如此呢」、「這樣的想法應該也有許多人會贊同」等。

這些附和語有一個共同點。**那就是，對於表示贊成或反對持保留態度**。

「雖然饒富深意但是我反對。」

「希望你多說一些這件事情的新觀點。」

「雖是獨特的觀點但是跟我的觀點不同。」

像這樣，如果加上後面那句話，就表明了你的想法，但單單只說前面就不清楚是站在哪一邊。

這些有雙重意義的用語，我曾說在讚美的時候要少用（詳見第一〇七頁），但是在反駁時是很有效的用法。既不需要說「真不錯」這種違心之論，也不致於像「我認為不對」這麼的直接正面反駁。對於對方的意見不流於情緒化，表示有客觀的聽進去。

重述對方的對話內容，接受對方的想法

此外再介紹另一種否定或無法同意時的問話方法，那就是把對方說的話重

複一次表示接納的說法。

「○○先生／小姐對這次的計劃是持反對的想法吧！」

「你的意思是，你認為這個預算中有太多無謂的浪費是吧！」

當覺得自己無法同意時，雖然不想逃離那種想法，但是首先要像這樣打從心裡接納「對方持這樣的想法這個事實」。就算說打從心裡接受，但卻不是同意對方的想法。接納對方持那個想法的事實，跟同意是兩回事。

因此請你放心的接受事實。除此之外，因為你說出剛剛那些話，對方也會感覺到你已經接納。例如，有些人嘴上說著「我明白了」但是看起來卻是完全不明白的樣子；又或者是說著「我深感抱歉」，也是看得出只是口頭上道歉，因為這些都沒有伴隨著真心。

嘴上說著YES，心裡卻說NO的時候，傳遞出去的是你內心的聲音。聽對方說話的時候，無論聽起來內容如何，都請你先接納對方是這樣想、對方是這樣考量的事實。就算你不能接受對方講的內容，也應該要接受這個事實。

接著表現你接受的方法就是附和語的變化。這裡寫出來的附和語只是一部分而已，請你仔細聽聽身邊的人如何使用並在實際狀況中模仿他們。講不慣的附和語，就算突然要講，也沒辦法立刻說出來。

這時候**就像記英文單字一樣，逐句實際說出口，就可以慢慢增加語彙的變化**。於事無意間你就可以說得出各種附和語了。只有一種模式的附和語，會讓對方覺得不安，疑惑他真的有在聽嗎？請利用變化豐富的附和語，讓對方知道你的心，對他的話有豐富的感受。

POINT

・用各種附和語讓對方知道你認真在聽。

・不能贊成的時候：

❶用雙重意義的話來接受，❷接納對方是如此考量的事實。

・說不慣的附和語，要真的說出口來，讓身體記住。

COLUMN

對地位比你高的人，不能用「原來如此」

「原來如此」這句話最近不分立場都經常有人使用，原本是站在相同立場或是對地位較低的人才使用的話。

你可能也感覺到這種微妙的差異了吧。也有人會說「原來是這樣」，不過這就是將「原來如此，是這樣嗎」合併起來省略的話。省略語感覺較不客氣，所以仍是較為失禮的說法，還請多注意。

取而代之，我們可以用「如你所說」、「充分瞭解了」、「確實如此」等說法來替代。

用全身來附和，影響力比言語更大

繼言語上的附和之後，用身體來表示的附和，是言行舉止中「舉止」的表現。除了用點頭、歪頭等一般的附和方式來表現之外，身體的附和也有各種變化，例如第二〇八頁的動作。

這些肢體表現，雖然有程度之差，卻是誰都能自然做出來的。例如，驚訝的時候眼睛會睜大，據說是為了擷取更多資訊，以脫離不測狀況的下意識反應。但是，這些使用肢體動作的附和語，不能交給下意識去任由處置，若能用在有意識的表現中，就能使用肢體作為傳達訊息的工具。

話雖如此，像是講話講到一半站起來的動作很失禮，普遍會認為怎麼可以這樣。那確實有點誇張，我做過的次數也屈指可數。

然而由於太過驚訝，實在坐不住而站起來時，會讓對方非常高興。因為對方說那些話就是要讓我驚訝。在廣播中這樣站起來，是很有效果的表現方式。因為身體離開麥克風而聲音會變遠，於是錄音室中的樣子，就會像畫面一樣浮現在聽眾的腦海中。

利用肢體表達情感，更有影響力

身體的表現，是因為心裡動念才發生的。若心沒有動，身體卻做出附和，是很不自然的事情。那麼是否心裡動了，身體自然會動，也並非如此。因為在這個傾向於要求壓抑自己的感情、不表露出來的社會中生存，心與身體之間連繫的管道已經變得薄弱。

用各種動作表達情感

站起來

⇓

非常驚訝，心靈也大受撼動以致無法安穩坐著

兩臂交叉

雙臂交叉成×字型會給人壓迫感，因此不要交叉只是重疊就好

⇓

思考中。當作自己的事情在思考，很認真。

身體稍往前傾

⇓

想聽更多，表示有興趣。

背往後靠

⇓

要接納對方的話還需要點時間。

改變姿勢

⇓

轉換心情專注精神。

看下面

⇓

正要回憶、思考、感覺。

看上面

⇓

腦中浮現、想像。

睜大眼睛

⇓

驚訝。

出便條紙和筆

⇓

認為是需要記下筆記的重要談話。

臉上的表情也是一樣。如果與心連繫，心動了表情也動，那麼說話的人會因為知道聽者是如何傾聽而感到安心。如果面無表情的聽人說話，對方也會感到不安。到底是生氣、無聊、不能同意，沒有興趣？進而產生負面的想像並感到疲累。

聽的同時感受到了，就會想用豐富的動作和表情來表達。一般來說舞者或演員，在這種使用肢體的表達上，有很豐富的表現方式。因為他們平常就用身體在表現。演員也稱做actor。Actor這個字從action（動作）而來，也就是說，演員是指「用身體動作來表演的人」。**當你要表現看不見的內心時，影響力比台詞還要大，就是用身體做出來的表現**。

不是演員或舞者的我們，由於平常不會有意識的使用肢體，想試試看的時候就會覺得好像太誇張而感到不好意思。不過那卻是恰到好處的徵兆。

當我們要求學習演講的學生，刻意的誇大肢體動作演講時，讓他們看了拍下來的影像後，幾乎所有的人都會說「咦？我動得這麼少嗎？」。自己覺得比平常的動作還要大三倍，但是透過影像客觀的來看時，卻很驚訝的發現幾乎沒有什麼動作。

這是你下意識因為害怕變化，所以會盡量保持得跟平常一樣。只是稍微做一些平常沒有在做的事情，卻覺得有很大的異樣感。可是會在意的其實只有當事人，旁邊的人看起來幾乎不會發現有什麼不同，所以就用一些自己覺得好像稍微誇大一點的動作，用身體表現附和。

POINT

- 利用肢體動作有意識的附和。
- 用豐富的表情附和。
- 稍微誇張一點的附和，其實剛剛好。

重述重點，讓對方知道你已理解

用言語及身體，也就是言行舉止，讓對方知道你在認真傾聽之後，接著要讓對方知道你理解他所說的事情。

「理解」分為兩種：頭腦中的理解，以及心靈上的理解。頭腦中的理解就是指你明白對方所說的內容；而心靈上的理解，是指你能理解對方是什麼樣的心情，是感情上的理解。

我們說話時，都希望對方兩者都能理解。要是告訴對方：雖然不明白內容但很感動，或是頭腦能理解但感情部分卻不能釋懷等，對方應該不會太高興。因此，為了讓對方當主角，我們要讓對方知道，我們的頭腦跟心靈都理解。

透過整理，明白對方的談話內容

首先是表達「頭腦中能理解」的方法。**為了表示已經理解內容，可以將對方的重點簡單整理一下**。例如，現在要你簡單整理一下前一頁的內容，應該可以說就是：

「原來如此，說話的人會希望，聽者的頭腦跟心靈兩方面都理解。」

像這樣偶爾複習對方說的話一樣，整理一下重點，對方也會覺得「他有聽懂我說的話」而能安心的繼續講下去。

你可能會覺得重點整理很困難，但那只是把你聽到對方怎麼說的，再說出來，並不是非要把對方的話全部記住，也不是要求你要有網羅一切的精確度。

人在講話時，會重複很多次同樣的話。越重要的事情，就越會改變觀點或切入點，像確認一樣；又或是邊講邊整理自己的想法。從對方整體談話中，以他一直重複的主題跟詞彙為提示，讓對方知道自己如何理解他想表達的話。

這時候，若發現對方想表達的和你所理解的有差距，那就是修正彼此理解上差異的好機會。若在差異還小的階段解決，就能避免重大的誤會或到底有沒有說過的糾紛。

簡要整理的時機，就是對方暫時休息的時候。說完想說的話後，一定會有一個停下來喘口氣的時間，那就是你簡要整理的時機。請你只要在對方的話講完時，偶爾簡要整理就可以了。要是次數太多，就會打斷對方的話。

POINT

- 表達自己已經理解話的內容。
- 如果理解有誤差，解決後再繼續。
- 利用對方停下來休息時，簡要整理內容。

同理對方的感覺，引他說出真心話

「頭腦」之後，是讓對方知道你的「心」已經理解的方法。**為了表達出已經用心理解對方的感情，首先是要分辨對方是用什麼樣的感情在說話。**

感情大致只分為兩種：愉快與不愉快。就是思考對方現在覺得愉快還是不愉快。愉快或不愉快的感情，是由欲望產生。欲望滿足了就覺得愉快，沒有滿足就感覺不愉快。

不明白他人心情而感到懊惱的人，不需要想得太困難。肚子餓了想吃東西時，只要吃飽飯心情就會好。但是因為太忙吃不太下時，就會焦慮不安或是沉默不語。欲望滿足了就會愉快，沒有滿足就不愉快，心，其實很單純。

從表情語調，找出對方內心情感

知道對方的感情愉快或不愉快之後，接著就是找出產生這種心情的欲望。愉快的話，是哪種欲望得到滿足？不愉快的話，又是哪種欲望沒有滿足？想像一下然後化成語言。比方說，當對方這麼說的時候：

「我老婆早上在我非得去上班不可的時間，也完全不起床。她最後一次幫我做早餐是什麼時候，我都已經想不起來了。」

首先分辨對方的感情是愉快還是不愉快。若對方笑得很開心，就是愉快；若看起來像在嘔氣，那就是不愉快。對方的表情或聲音的語調都是線索。

接著想像產生這樣的情感的欲望為何。愉快的情形下、不愉快的情形下，它們分別是以哪種欲望為根源而生的？可以想像的有，比方說像這樣的欲望：

●很開心似的說的時候（愉快）

❶想當一個允許妻子睡覺、心胸開闊的人↓實際上也允許妻子這麼做，所以「愉快」

❷想當一個不拘小節落落大方的人↓因為並不介意，也很大方因應，所以「愉快」

●說得很不服氣似的時候（不愉快）

❸想跟太太有更多時間相處↓但是早上都無法在一起所以「不愉快」
❹希望太太認同自己的努力↓但是太太卻不認同所以「不愉快」
❺希望太太能多支持自己一點↓但是她早上都不肯起來所以「不愉快」

試著理解對方說這句話背後的欲望，並換成語言說出來。

❶「可以允許太太睡覺，你真是心胸寬廣的人。要是換了我應該不可能像這樣穩如泰山吧！」
❷「○○先生就是這麼不拘小節落落大方，所以太太才放心向你撒嬌呢～」
❸「要是能多點時間跟太太相處就好了！」
❹「○○先生你真是很有認真面對工作的意願呢。如果你的太太能夠理

解這一點就好了！」

❺「太太的支持會是很大的助力呢～你真是很重視太太的助力！」

這時候，你可能會覺得不知道自己想像的欲望是否吻合，而感到不安，但實際上答案是否正確不重要。因為是對方的欲望，本來就是不知道的事情。很多時候，正確答案就連說話的人自己也不知道，因為自己的欲望是有意識去思考時，才會看出來的。

如果你想像的欲望是正確的答案時，對方也會發現「是嗎？原來我是這麼想的」，察覺到自己的欲望而鬆了一口氣，然後對說出自己也沒有發現到的事情的你，會產生「這個人很瞭解我」的信賴感。

那麼，答案不正確時會如何呢？那就是話題會變得更深入。假設你說出想像的欲望答案有錯，對方會說「不、也不是這樣」，同時問自己「那麼自己的欲望是什麼？」開始尋找正確答案。

這時候，雖然知道答案有錯，但也不代表馬上就會知道正確答案。因為自己真正希望的是什麼，這種真的欲望，我們並不習慣用言語說明。因此，即使對方說「不對」然後露出思考的樣子時，你也不用擔心。也許出現短暫的空檔會令人不安，但是這樣的空檔，對對方來說是必要的。

重要的不是你想像的欲望是否符合，而是藉著表達出你想像的欲望，使對方的焦點放在自己的欲望上。當對方注視自己的本意，意味著話題會更深入。

坦白說出感情，反而使溝通更輕鬆

你想要理解對方的欲望與感情的心情，會引出對方的真心話，成為話題逐漸深入的契機，否則對方不會直接把欲望說出來。

「希望自己是可以允許妻子睡覺的氣度恢宏的人。而且我也能做到，自己都覺得自己相當了不起！」

「真希望妻子對我的努力多點讚美，但我卻得不到，真令我不滿～」

如果能像這樣坦白的說出欲望，溝通就會變得更輕鬆。彼此在想些什麼，也會有更深的了解。

但是做為一個社會人，如果把所有的情感都搬到檯面上，工作就做不成了，於是便養成了壓抑的習慣，對產生的情感視而不見。然而，即使你不去看，感情依然存在，它並不會因為你不看就消失，越壓抑反而會越加強。

因此，重要的是去理解對方感情。如果你想理解對方的心，對方的意識也是朝著他的心。一個人不容易理解自己的心，但若有人靠近就能看得清楚。

想像對方的欲望然後說出來。如果符合，信賴會加深，若是不符合對話就會深入。無論哪種情況，你試圖理解對方的心意，都會開啟對方的心門。

POINT

- 分辨對方的感情，是「愉快」還是「不愉快」。
- 想像對方產生感情的欲望，然後說出來。
- 即使想像錯誤，也能一起接近對方的真實想法。

提出建議前，先讓對方把話說完

這是我跟四位朋友一起吃飯時發生的事情。某個擔任業務的朋友說：「我都是很認真的聽對方說話，但不知道為何，別人總是說我沒有在聽他說話。」

除他之外的三人都明白理由是什麼，因為他總是會建議「這樣比較好」、「那樣比較好」，讓人覺得他沒有在聽人說話。

經常有人說，女性是想要有人聽她說話，男性想要的是解決的方法。這究竟是不是真的？假設我們重複第二一六頁的對話：

「我老婆早上在我非得去上班不可的時間，也完全不起床。她最後一次幫我做早餐是什麼時候，我都已經想不起來了。」

這時候如果你得到這樣的意見，會有什麼感覺？

「你就跟你太太說，早點起來比較好喔～」

「你太太可能累了吧，不要太囉嗦比較好！」

「你自己做早餐不就好了～」

如果提出解決方法，是否就是這樣呢？

「就是說不出來才痛苦嘛！」

「這我當然知道，只是忍不住要說！」

「如果我會自己做，一開始就這麼做了呀～」

這些或許不會說出口，但在心裡面會想要反駁。不論是男人還是女人，講話的時候，首先需要的一定是對方的理解。對方有好好聽自己說話，不否定且接納，希望頭腦跟心靈都能理解自己。也就是，他們要求聽的人要有三個步驟，那就是：❶傾聽、❷接受、❸理解。

我並不是說不要提出解決方法比較好，而是「在提出之前，先創造出對方能接受你建議的狀態」，對方能接受你的建議，是在完成這三個步驟之後。

POINT

・在建議之前先表示，你可以「傾聽、接受、理解」。

反覆思考對方用意，深入理解他

我們再多思考一下，如何理解對方想說的話。

「我老婆早上在我非得去上班不可的時間，也完全不起床。她最後一次幫我做早餐是什麼時候，我都已經想不起來了。」

對說出這個話的人，你要是把話題拓展到「那你喜歡西式早餐，還是和風早餐？」等枝微末節的話，對方會覺得很失望，因為那離他希望你理解的情感很遠，所以語調一下子就會降下來了。

早餐愛吃西式還是日式，這完全與對方的欲望和感情沒有關係。感覺到對方不能理解自己說這些話的真意時，就會失去繼續跟你說下去的力氣。希望你聽進去的，不是對方說的話，而是隱藏在言語背後「希望別人理解」的欲望與感情。因此**我們要在內心要反覆問自己：「這個人為什麼要說這些話？」**

每一句話，都反映了說話者的情感意志

每個人都是有話想說才說，但就如先前說明的一樣，不一定會坦白說出來。而且，說話的人大多數並不清楚，自己希望別人瞭解自己什麼。

因此當你在心裡自問「這個人為什麼要說這些話？」的時候，你就變成和對方一起在思考。這就是靠近對方的心。

或許聽起來很唐突，但你認為一個人的話從何產生呢？**話的泉源是感情。**

開心、快樂、悲傷、悔恨、遺憾等，因為心裡的感情動了，我們才會想說話。

但是每次心動了的時候，對方口裡並不一定能說出，正好符合這種感覺的話，所以我們才想要找出產生這種感情的欲望。

「這個人為什麼要說這些話？」如果你這樣問自己，應該就不會說出只抓到對方表面上的意思，或是延伸到枝微末節的話，應該也能接近連對方自己都沒有察覺的「希望別人理解」的部分。

POINT

- **經常思考「這個人為什麼要說這些話」。**
- **比起話的表面意思，要聽的應該是說話源頭的感情與欲望。**

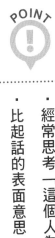

一面說「我也是」，但不搶話

「我老婆早上在我非得去上班不可的時間，也完全不起床。她最後一次幫我做早餐是什麼時候，我都已經想不起來了。」

對方這麼說，於是你說：**「我懂。我老婆也是。我家啊……」**雖然是想表達共鳴，但是卻搶了話，這種半路攔截話題的事情請千萬要小心。

任何人只要找到共同點，就會很興奮的說「我懂！」然後不知不覺就說自己想說的事。這時候使用的言詞，例如：「我老婆也是」、「我也是」等這種代表「Me, too」的話，乍聽之下像是有共鳴，因此你會認為已經是成功拉近對方的良好溝通。

但我希望你想想，當在自己講話的途中，有人對你說「Me, too」、對方開始說「我懂！我也是……」，然後開始說起來時，你是不是有一種「真希望對方聽你講到最後」的遺憾心情？我想這種時候很少有人會覺得非常高興。

平常就要多說話，滿足想說話的欲望

說「我也是」確實會引起共鳴，只是，這時候與你產生共鳴的，是對方的過去，不是現在，因為對方說的是過去的事情。可是對方的感情就在此時、此處，還沒有成為過去式，只有現在這個瞬間才有感覺。

因此，我們的過去讓別人有共鳴也不會覺得開心，因為你要的是此時、此處，能感覺到感情的共鳴。

為了避免講了「我也是」，然後就不小心搶走話題，有一件事我希望你平常就要做，那就是滿足你自己想說話的欲望。

想說的話要是不能說得充分，堆積在心中的情感，就會開始呼喚「我想出去！」於是，雖然自己也知道不要這樣比較好，但還是會搶走對方的話。若情況嚴重，還會說「我懂，我也是……」，但同時卻開始說起完全不相干的事。

如果你想說「Me, too」的時候，就是你講話的欲望，沒有得滿足的訊號，請多加注意。

POINT

- **不要搶走對方想講的話。**
- **你說「我也是」，感到有共鳴的是對方的過去。**
- **搶話就是你自己說話的欲望，沒有得滿足的訊號。**

在對方說完之前，絕不改變話題

當你搶話的時候，往往會講的話，就是「說到這個」。

想改變話題時，這句話真的很好用，只要說出「說到○○……」，乍看之下似乎相關，但卻能轉換話題。

「我老婆早上在我非得去上班不可的時間，也完全不起床。她最後一次幫我做早餐是什麼時候，我都已經想不起來了。」

我們試著對講這句話的人，用「說到這個」來改變話題看看。

「說到早餐，我家的小孩……」
「說到睡覺，我高中的時候……」
「說到早上，今天早上有一件事讓我嚇到……」

像這樣，用「說到這個」時，是連結對方講到的詞彙來改變話題。因此，改變話題的你，會覺得很順利的切換過去，但對方會覺得，**自己明明還有想說的話，卻被換成不同的話題，因而感到失望、遺憾**，並認為「這個人不聽別人說話」。但若遇到冗長、沉悶的談話時，用「說到這個」就能成功搶走話題。

POINT

・在對方的話講完之前，不要用「說到這個」來改變話題。

聽不清楚的地方，不要裝懂要確認

當你聽不清楚顧客，或是上司等地位比你高的人說的話時，就很難說出：「可不可以請你再說一次？」這句話。如果假裝聽懂，事後可能會引發其他問題，在這種時候，你可以不用問就偷偷的確認。

比方說，假設上司在稱讚某個人，但是你沒聽清楚是增田還是增尾。這時候，你如果問：「咦？是增田還是增尾？」對方的話就會被你打斷。

有些人還會覺得好像自己被指責「你講話口齒不清，所以我才聽不清楚」，而感到不愉快。這時候，即使你沒聽清楚，也可以不發問就能確定。你可以這麼說，好像你已經聽清楚了，「是啊，增田先生真是個體貼的人」。

整理歸納之後，用問題確認一次內容

這時候重點是要慢慢講，為了讓對方聽見「增田」這個名字。如果弄錯了，對方就會糾正你「不對，是增尾！」如果沒錯，他就什麼都不會講。如此，機率是一半一半。就算弄錯了，談話的節奏也不會被打亂。

如果不是單詞，而是對談話內容不太清楚時，就用整體簡單摘要來確定。

「〇〇先生，我理解你的意思是△△，不知道對嗎？」

「〇〇先生，按照我的理解，你認為是△△，這樣對嗎？」

像這樣，**確定一下自己的歸納與理解是否正確。如果有錯誤，可以怪到自**

己身上，而不是對方的錯。自己接收或解釋、理解的方法不對，而無需指出是因為對方的話很難理解。

讓你覺得聽不清楚、很難理解的人，很可能過去也有多次被反問的經驗。如果對方是地位較高的人，反問他就變成在指責他，會傷害到對方的自尊。如果說是擔任問話角色的你弄錯了，就不會讓對方有討厭的感覺。

POINT

- **聽不清楚的地方不要發問，而是慢慢重複一次加以確認。**
- **確認自己接收或理解的方式，是否正確。**
- **把對方說話難以理解，說成是自己問話的方式不對。**

不當面糾正錯誤，體貼對方

對方說錯的時候，也用同樣方式處理。曾經有一位來廣播電台擔任來賓的人幾次都把「觸動心弦（ㄒㄧㄢˊ）」講成「觸動心旋」。這個時候如果你對他說「錯了，是心弦不是心旋」，就會讓對方出醜。但是如果放著不管，聽眾可能會誤解，當中有些人可能還是考生。

這時候，**假裝沒有發現對方說錯了，若無其事的糾正他**，「我知道，那部電影的台詞也觸動了我的心弦」，馬上接在後面說出正確發音。這樣做，比較有概念的人就會發現了。

「馬上接在後面」這一點非常重要。如果馬上說，對方也許會用眼神問你

「咦？莫非不是讀做心旋，而是心弦？」這時候不需要讓別人知道對方犯了錯，用「避免在場其他人發現」的眼神回答即可。

假裝對方弄錯，若無其事指出對方錯誤

不過，也有不能立刻接著糾正的時候。曾有一個人好幾次講成心旋，「真的，觸動了心旋呢。心旋、心旋。」

這實在無法假裝沒發現，於是我說「是弓部的弦，唸做琴ㄒㄧㄢˊ」。這時候我假裝當成他不是唸錯，而是開玩笑才故意重複講。於是他說：「原來是唸做琴弦啊？我都不知道呢！」結果我們兩人都笑了。

像這樣，雖然不知道對方會有什麼反應，但是我們**不直接指出他的錯誤，就當做「我沒聽到」、「我認為是開玩笑」這樣，把原因歸到自己身上。**

例如把「年俸」講成「年棒」，把「心懷鬼胎」講成「心有鬼胎」等等，經常有人會說錯話，就算要糾正也要像這樣，在講話方式下點工夫，對方會比較容易接受。**不需要當場糾正的情況，是以對方的面子為優先的一種體貼。**

POINT

- **對方說錯時，就假裝沒有發現錯誤，試著若無其事的糾正。**
- **歸罪到自己身上抬高對方。**

炒熱氣氛的要訣❶

談話的圈子，不要冷落任何人

現在要告訴大家，在團體談話時炒熱氣氛的要訣。想要有兩人以上為主角，或是以團體中其中一人為主角時，可以讓全場氣氛熱烈的實踐手法。

比方說，當主角說的話題，明顯有人跟不上的時候，有可能是該話題只有那個人不知道，或者是那個人遲到等的情況。這時候，不可以認為只有一個人沒跟到，所以沒關係。**就算只有一個人沒有投入到談話的圈子裡，現場就會失去整體感，氣氛熱絡不起來。**

根據美國研究所「The Institute HeartMath 研究「感情」與「心臟」的關連性，人類的心臟，可以對周圍創造出直徑三公尺的磁場，據說根據這個磁場，我們便能感受到他人的感情。也就是說，只要有一個人沒有跟著興奮起來，那種心情會往外延伸三公尺。

假裝自己是聽眾代表，提出難以理解的部分

主角的周圍必須是有整體感的現場，為此，很重要的是讓全體理解話題，並且進入圈子當中。若有人跟不上話題，就不經意的說明概略，或是有專業術語等，便問：「這個意思大家明白嗎？」加以確認。

那個人如果是個很客氣，說不出「我不懂」的人，就代替他詢問說話者。你可以假裝自己沒聽懂，問對方「剛剛那是什麼意思？」雖然可能會打斷對方說話，但這不要緊，因為說話者會明白你是故意發問。

我在廣播節目中訪問的時候，也經常思考：「來賓現在說的內容，聽眾能

夠明白嗎？」因為並非所有來賓都是說話高手，有些時候，話題會跳來跳去、講話速度太快、出現很難理解的專業術語……，這種時候，我都會假裝不懂，並提出問題，因為我認為自己是「聽眾的代表」。

於是事後對方便對我說：「不好意思，剛才的話很難懂吧？謝謝你發問。」說話的人，能夠明白我是為大家提出問題。

當我自己說出很難理解的話時，若有人代為提問，我馬上就會知道。對那位照顧到全體的人，我總會湧上一股感謝之意。一想到是「為了大家」，就會比為了自己而發問更有勇氣。可以讓別人當主角的人，都是幕後的英雄。

POINT

- 即使只有一個人沒跟上話題，現場的氣氛也熱不起來。
- 就算自己明白，也要為了大家發問。

炒熱氣氛的要訣❷

果決打斷滔滔不絕的無聊話題

就算讓對方放心地談論自己喜歡的話題，但是談話太長，在場的人開始覺得無聊時，就要鼓起勇氣打斷他。在大家都忍耐著在聽的狀態下，說話的人並不能算是主角，但要注意，不能因此就硬生生打斷他的話，破壞了現場氣氛。

在廣播節目中，講話時間被安排得很細密。導播突然來個指示，要你在「五十八分四十六秒時結束」也都是理所當然的事。自己一個人講話時還可以控制，但有來賓的時候就無法預測。

特別是電話訪問，一來無法讓對方知道錄音室內緊張的氣氛，還有十幾秒廣告就要開始，對方還說「還有啊」，開啟新的話題，這種情況真的很讓人焦慮，訪問時真的會費盡苦心。在這樣的戰場上磨練出來的技術——打斷滔滔不絕的人的祕訣就在，不要錯過時機。

趁著說話者換氣瞬間，切斷他的話題

就算是話再長的人，也一定會有中斷的瞬間，那就是吸氣的時候。**對方唯一無法說話的瞬間，就是在他吸氣的時候改變話題。**這時候講的台詞就是：

「是這樣嗎！原來如此！」

請一定要用肯定語，及明朗的聲調同意對方的話，並同時打斷他。因為對方一定還想再說，所以多少有點強迫性，但是因為用肯定句且明快切斷，不致於給人太討厭的感覺。大聲地用明朗的口吻，說出肯定的話是關鍵。

接著，立刻把話題丟給別人。

「剛剛的話題，〇〇先生／小姐你覺得如何？」

「我想聽聽〇〇先生／小姐的想法。我一直期待今天能跟你見面呢～」

「話題可能有一點遠了，但是，因為剛剛的話題我便想起來了，〇〇先生／小姐，可以請教一下嗎？（發問）」

像這樣，說出下一位主角的名字來轉換場面。指定者的位置，盡量離剛剛說話說很久的人遠一點。如果指名對角線上的人，聽者的眼神會左右一百八十度轉動。這時候不只是眼睛或頭部，全身都轉向新指定的對象會更有效果。如果看到所有人的背影，再怎麼愛說話的人也不可能不聽下一個人說話。

還有，丟給新對象的話題，盡量從前一個發話者的話中，摘取詞彙使用。如此可以稀釋硬是切斷話題的印象。然後，**把話題丟給其他人的時候，中間不要斷氣，一口氣講完更能提高成功率**。中途停下來換氣，又會給對方開始說話的空隙，一口氣說完就沒有縫隙可以插話。首先就從判讀時機開始吧。話再怎麼長的人，也一定會停下來換氣。停下來的那一瞬間，就一定能打斷他。

POINT

- 打斷說話滔滔不絕的人，終結大家的痛苦時間。
- 打斷時機＝對方吸氣瞬間，用明朗語調大聲說出肯定語。
- 指名位置較遠的人，把話題丟過去。話題要從前一個發言者的話中挑選詞彙。
- 一定要一口氣說完不要中斷，可以提高成功率。

COLUMN

說得太長的時候，用手指幫助記憶

對方要是一口氣講了一堆話，就算想記住也會因為太長而無法記憶。這時候可以問對方：「我可以抄筆記嗎？」提出你想抄筆記的要求，就能讓對方知道你想認真聽的心情，不會有人面露嫌惡之色。

若手邊沒有紙或筆記用具，時機上又很難說出口時，手指是很方便記憶的工具。不妨試著把對方話中想記下來的關鍵字，用各個手指記下來。大拇指就是「下週四」、食指是「下午四點」、中指是「東京車站八重洲口」、無名指是「×××（你見的人名）」等。

如此一來，回想時只要屈指一數，記憶就會甦醒了。

炒熱氣氛的要訣❸

問大家都想知道的事，最討喜

這是訪問木村拓哉時發生的事情。大家想知道的還是日常生活中的木村拓哉，於是我想像木村拓哉日常生活的樣子，便問他早晨起床後如何度過。

「鬧鐘設定了幾個呢？」

「會按好幾次讓鬧鐘稍後再響嗎？」

「早上起來第一件事是做什麼？」

「早餐都在家裡吃嗎？吃西式還是日式？」

木村先生一面說著「問這種事情有意思嗎？」一面回答。節目聽眾卻因為聽到了在別處聽不到的木村拓哉的日常生活，覺得非常開心。

能問出「其實大家都很想問，但是可能很難問得出口」的問題，現場氣氛就會熱絡起來，如此就能把主角的話題，導向大家都有興趣的方向。

能夠炒熱氣氛的人，就是理解現場需求的人

問大家都覺得很難問出口的問題，很需要勇氣。或許你會覺得意外，有時候，被問的人其實很希望別人問他這些。例如木村拓哉，他來上廣播節目的目的，是希望影迷開心，或者是為了獲得新的影迷。藉著平常不太有人問的木村拓哉的日常生活，增加了影迷或是讓影迷高興，結果是木村先生也很高興。

可是他不可能自己莫名說出「現在告訴大家，我早上起床後的一連串行

動」吧？就算他知道影迷很想知道這些。

日常會話也是一樣。對上司或顧客，問他們大家真的想問的事情，引出他們的話題之後，大多時候他們都會感到高興。因為你引出了他們自己很難主動說出口的事情，結果使兩者之間的距離縮短了。

若有很想說、但說不出口的事情，或是有很想問卻不能問的問題，為了避開這些話題，對話總會顯得不太自然。就像管子被塞住一樣，若能幫忙把想說的話，或想問的事情說出來，關係會變好，信賴也會加深，對方也感到歡喜。

此外，發問也對轉換話題有幫助。說話者也會有想改變話題，卻改變不了的時候。一旦話題開始，也很難突然踩煞車或改變方向。雖然肉眼看不見話題的流向，但很意外的，最難改變話題的，其實是說話者本人。

因此，如果身旁的人能夠發問，讓他的話題能夠轉變方向，他也會很感激。實際上，我就曾經有過好幾次經驗，是由對方告訴我：「謝謝你當時幫我改變話題，幫了我很大的忙呢！」

能夠炒熱氣氛的人，就是理解現場需求的人，察覺現場需要的是什麼，然後採取行動達成需求。具體來說，就是讓所有人能夠很平均的說話，當大家都感覺無聊的時候，巧妙打斷話題，丟出讓大家熱絡的話題。讓對方當主角的人，就是取悅大家、希望身邊所有的人都能高興的人。

POINT

- **瞭解現場的需求，就能讓對話熱絡起來。**
- **代表大家問大家都想問的問題。**
- **同一個話題一直講到越來越無聊時，就問別的問題轉換方向。**

CHAPTER 5 檢查表

讓對方很舒服的說話

- [ ] 擁有各種附和語變化

肯定的附和語 / 表示出興趣的附和語 / 無法贊成時的附和語 / 利用肢體表現的附和語 / 用表情表現的附和語

- [ ] 讓對方知道你的頭腦和心靈都理解他說的
- [ ] 不要突然提出解決方法
- [ ] 經常思考「為什麼他會說這個話？」靠近對方的心
- [ ] 不要用「我也是……」搶走對方的話
- [ ] 在對方說完之前不要改變話題
- [ ] 聽不清楚對方的話時，把錯攬在身上再向對方確認
- [ ] 對方說錯話時，假裝沒發現若無其事的糾正
- [ ] 多數人談話時，要理解現場需求帶動氣氛

就算自己懂也要為大家發問 / 打斷滔滔不絕的人，把話題丟給另一個人 / 話題講不下去時，就問別的問題改變方向

結語
對方覺得「自己很會說話」，就能綻放光芒

由衷感謝你把這本書讀到最後。真心希望讀到此為止的你，能在日常中實踐「讓對方當主角說話」的五個步驟。不只是心裡知道，也希望付諸行動而有一些變化產生。

放棄自己習慣熟悉的做法，挑戰新的做法需要勇氣。可能會覺得不舒適，也沒有安全感，但是我想拿起這本書來閱讀的你，一定想要改變什麼吧？

話說回來，我小時候也是朋友不多的人，每天過著把日記當朋友一樣的日子。我覺得說了也沒有人明白，而且我本來就不知道該從何說起。這樣的我，卻當了電台主持人，人生真是很有意思。也許是神希望能訓練我說話的方式，才把主持人這個工作送給我，當作禮物。

不過剛開始我可不想要這份禮物。因為一直失敗。到了現在，我學會與自己、與他人連繫的溝通方式，每天都很開心。當然我的探索之旅還在持續當中，但是對於每天如此豐富、充實又平穩的生活，我內心充滿感謝。

我們會因為這本書相遇，也是一種緣分。所以即使只有一項也好，請你一定去實踐。若你身邊有許多想說話、想尋求理解的人（我也是其中之一・笑），與其被人稱讚很會說話，不如讓對方覺得「自己很會說話」，用這樣的溝通方式引出你周圍的人的魅力，讓他們綻放光芒。

最後，這本書能完成，都是託在說話學校和我一起共同學習的學生的福。這本書的作者，其實是說話學校的大家。真的感謝他們，讓我發現很多事，也學到很多事，我由衷的感激。同時，我也很幸運能得到大竹小姐和千葉先生這兩位編輯的大力協助，他們支持我的想法，我發自內心感謝他們。

西任曉子

職場通 職場通系列029

讓對方一直說的10倍輕鬆問話術：

內向、慢熱、不會說話沒關係！只要學會怎麼問就好！

話すより10倍ラク！聞く会話術

作　　者　西任曉子
譯　　者　張婷婷
總 編 輯　何玉美
副總編輯　陳永芬・李嫈婷
責任編輯　鄧秀怡
封面設計　李涵硯
內文排版　思思

出版發行　采實出版集團
行銷企劃　黃文慧・鍾惠鈞・陳詩婷
業務經理　林詩富
業務發行　張世明・楊筱薔・鍾承達
會計行政　王雅蕙・李韶婉
法律顧問　第一國際法律事務所　余淑杏律師
電子信箱　acme@acmebook.com.tw
采實粉絲團　http://www.facebook.com/acmebook

I S B N　978-986-93549-1-2
定　　價　340元
初版一刷　105年10月
劃撥帳號　50148859
劃撥戶名　采實文化事業股份有限公司
104台北市中山區建國北路二段92號9樓
電話：(02) 2518-5198
傳真：(02) 2518-2098

國家圖書館出版品預行編目(CIP)資料

讓對方一直說的10倍輕鬆問話術/ 西任曉子作；張婷婷譯. -- 初版. -- 臺北市：采實文化, 民105.10
面；　公分
譯自：話すより10倍ラク!聞く会話術
ISBN 978-986-93549-1-2（平裝）

1.職場成功法　2.說話藝術　3.人際關係

494.35　105015374

話すより10倍ラク！聞く会話術　西任暁子
"HANASU YORI 10BAI RAKU! KIKU KAIWAJYUTSU" by Akiko Nishito

Original Japanese edition published by Discover 21, Inc., Tokyo, Japan
Complex Chinese edition is published by arrangement with Discover 21, Inc.

采實出版集團
ACME PUBLISHING GROUP